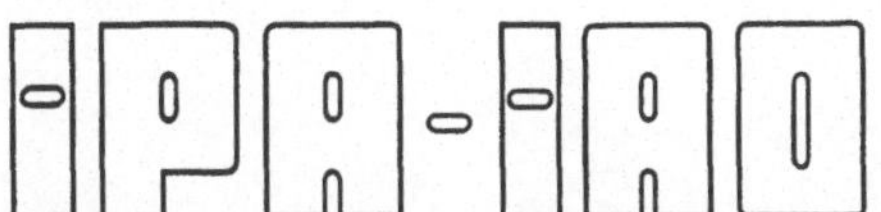

Forschung und Praxis

Band 291

Berichte aus dem
Fraunhofer-Institut für Produktionstechnik und Automatisierung (IPA), Stuttgart,
Fraunhofer-Institut für Arbeitswirtschaft und Organisation (IAO), Stuttgart,
Institut für Industrielle Fertigung und Fabrikbetrieb der Universität Stuttgart und
Institut für Arbeitswissenschaft und Technologiemanagement, Universität Stuttgart

Herausgeber: H. J. Warnecke, E. Westkämper
und H.-J. Bullinger

Springer

Berlin
Heidelberg
New York
Barcelona
Budapest
Hongkong
London
Mailand
Paris
Singapur
Tokio

Hyeck-Hee Lee

Integrierte Signalübertragung und E/A-Steuerungssystem für Montagezellen

Mit 33 Abbildungen

Dr.-Ing. Hyeck-Hee Lee
Fraunhofer-Institut für Produktionstechnik und Automatisierung (IPA), Stuttgart

Prof. Dr.-Ing. Dr. h. c. mult. H. J. Warnecke
o. Professor an der Universität Stuttgart
Präsident der Fraunhofer-Gesellschaft, München

Prof. Dr.-Ing. Dr. h. c. E. Westkämper
o. Professor an der Universität Stuttgart
Fraunhofer-Institut für Produktionstechnik und Automatisierung (IPA), Stuttgart

Prof. Dr.-Ing. habil. Prof. e. h. Dr. h. c. H.-J. Bullinger
o. Professor an der Universität Stuttgart
Fraunhofer-Institut für Arbeitswirtschaft und Organisation (IAO), Stuttgart

D 93

ISBN-13: 978-3-540-66089-7 e-ISBN-13: 978-3-642-47979-3
DOI: 10.1007/978-3-642-47979-3

Gesamtherstellung: Copydruck GmbH, Heimsheim
SPIN 10732104 62/3020–543210

Geleitwort der Herausgeber

Über den Erfolg und das Bestehen von Unternehmen in einer marktwirtschaftlichen Ordnung entscheidet letztendlich der Absatzmarkt. Das bedeutet, möglichst frühzeitig absatzmarktorientierte Anforderungen sowie deren Veränderungen zu erkennen und darauf zu reagieren.

Neue Technologien und Werkstoffe ermöglichen neue Produkte und eröffnen neue Märkte. Die neuen Produktions- und Informationstechnologien verwandeln signifikant und nachhaltig unsere industrielle Arbeitswelt. Politische und gesellschaftliche Veränderungen signalisieren und begleiten dabei einen Wertewandel, der auch in unseren Industriebetrieben deutlichen Niederschlag findet.

Die Aufgaben des Produktionsmanagements sind vielfältiger und anspruchsvoller geworden. Die Integration des europäischen Marktes, die Globalisierung vieler Industrien, die zunehmende Innovationsgeschwindigkeit, die Entwicklung zur Freizeitgesellschaft und die übergreifenden ökologischen und sozialen Probleme, zu deren Lösung die Wirtschaft ihren Beitrag leisten muß, erfordern von den Führungskräften erweiterte Perspektiven und Antworten, die über den Fokus traditionellen Produktionsmanagements deutlich hinausgehen.

Neue Formen der Arbeitsorganisation im indirekten und direkten Bereich sind heute schon feste Bestandteile innovativer Unternehmen. Die Entkopplung der Arbeitszeit von der Betriebszeit, integrierte Planungsansätze sowie der Aufbau dezentraler Strukturen sind nur einige der Konzepte, welche die aktuellen Entwicklungsrichtungen kennzeichnen. Erfreulich ist der Trend, immer mehr den Menschen in den Mittelpunkt der Arbeitsgestaltung zu stellen - die traditionell eher technokratisch akzentuierten Ansätze weichen einer stärkeren Human- und Organisationsorientierung. Qualifizierungsprogramme, Training und andere Formen der Mitarbeiterentwicklung gewinnen als Differenzierungsmerkmal und als Zukunftsinvestition in *Human Resources* an strategischer Bedeutung.

Von wissenschaftlicher Seite muß dieses Bemühen durch die Entwicklung von Methoden und Vorgehensweisen zur systematischen Analyse und Verbesserung des Systems Produktionsbetrieb einschließlich der erforderlichen Dienstleistungsfunktionen unterstützt werden. Die Ingenieure sind hier gefordert, in enger Zusammenarbeit mit anderen Disziplinen, z. B. der Informatik, der Wirtschaftswissenschaften und der Arbeitswissenschaft, Lösungen zu erarbeiten, die den veränderten Randbedingungen Rechnung tragen.

Die von den Herausgebern langjährig geleiteten Institute, das

- Institut für Industrielle Fertigung und Fabrikbetrieb der Universität Stuttgart (IFF),
- Institut für Arbeitswissenschaft und Technologiemanagement (IAT),
- Fraunhofer-Institut für Produktionstechnik und Automatisierung (IPA),
- Fraunhofer-Institut für Arbeitswirtschaft und Organisation (IAO)

arbeiten in grundlegender und angewandter Forschung intensiv an den oben aufgezeigten Entwicklungen mit. Die Ausstattung der Labors und die Qualifikation der Mitarbeiter haben bereits in der Vergangenheit zu Forschungsergebnissen geführt, die für die Praxis von großem Wert waren. Zur Umsetzung gewonnener Erkenntnisse wird die Schriftenreihe „IPA-IAO - Forschung und Praxis" herausgegeben. Der vorliegende Band setzt diese Reihe fort. Eine Übersicht über bisher erschienene Titel wird am Schluß dieses Buches gegeben.

Dem Verfasser sei für die geleistete Arbeit gedankt, dem Springer-Verlag für die Aufnahme dieser Schriftenreihe in seine Angebotspalette und der Druckerei für saubere und zügige Ausführung. Möge das Buch von der Fachwelt gut aufgenommen werden.

H. J. Warnecke E. Westkämper H.-J. Bullinger

Vorwort

Die vorliegende Arbeit entstand während meiner Tätigkeit als Gastwissenschaftler am Fraunhofer-Institut für Produktionstechnik und Automatisierung (IPA), Stuttgart.

Mein besonderer Dank gilt Herrn Prof. Dr.-Ing. Dr. h.c. mult. H.-J. Warnecke, Präsident der Fraunhofer Gesellschaft, für seine großzügige Unterstützung und Förderung, die zur erfolgreichen Durchführung dieser Arbeit beigetragen haben.

Herrn Prof. Dr.-Ing. A. Storr danke ich für die Übernahme des Mitberichts und die eingehende Durchsicht der Arbeit.

Bedanken möchte ich mich bei Herrn Dr.-Ing. Chun-Sik Lee, Institutsleiter der KIST Europe Forschungsgesellschaft mbH, für große Unterstützung und Förderung. Herrn Dr.-Ing. Jong-Oh Park danke ich für die Unterstützung und Beratung während der gesamten Promotionszeit.

Bedanken möchte ich mich bei Herrn Prof. Dr.-Ing. R.-D. Schraft, Herrn Dr.-Ing. M. Schweizer, Herrn Dr.-Ing. T. Weisener und Herrn Dr.-Ing. G. Vögele, die mich am Institut unterstützt haben.

Meiner Familie, Jae-Young, Jae-Won und meiner Frau Moung-Hyo, danke ich für das Verständnis, mit dem sie das Entstehen dieser Arbeit begleitet haben. Besonderer Dank gilt meiner Mutter und meinem Vater in Korea, denen ich diese Arbeit widme.

St. Ingbert, März 1999 Hyeck-Hee Lee

INHALTSVERZEICHNIS

0 Abkürzungen und Formelzeichen

A	Analog
A/D	Analog / Digital
ADG	Adreßgeneratormodul des Signalübertragungssystems
AE	Analogsignal Eingang
AGK	Ausgabemodul des Signalübertragungssystems
AK	Aktor
AM	Aktor-Modul
AMI	Alternate Mark Inversion Code
Aperio	Aperiodisch
AT	Antrieb
ATDM	Asynchronisation Time Division Multiplexer
a_m	Arithmetische Progression für die Abtastreihenfolge der Kanalnummern
$a_{0,N_{k1}}$	Anfangswert der Abtastreihenfolge für Kanal k1 mit Prioritätsstufe 1
B	Wortlänge (Anzahl der Bits der Signale)
b_r	Kanalnummerreihenfolge für die Abtastung der Prioritätsstufe 2 Kanäle
c1	Daten der Kanalnummer 1
c2	Daten der Kanalnummer 2
c3	Daten der Kanalnummer 3
CD	Carrier Sense Multiple Access / Collision Avoidance und Collision Detection (CSMA/CA, CD)
CIM	Computer Integrated Manufacturing
CMI	Coded Mark Inversion
CPU	Central Process Unit

CRC	Cycle Redundancy Check
D	Digital
D/A	Digital / Analog
DE	Digitalsignal Eingang
Det.	Deterministische Buszugriffsverfahren
$D_{N_{k1}}$	Die Multiplikatoren der Progressionsberechnung für Kanal k1 mit Prioritätsstufen 1
DTR n	Datenraum für Kanal n
E/A	Ein- / Ausgang
echt	Echtzeitfordernd
EGK	Eingabemodul des Signalübertragungssystems
EMV	Elektromagnetische Verträglichkeit
Entsch	Entscheidung
E/O	Elektrisch / Optisch
F	Variable
FDM	Frequenzmultiplexverfahren
FIP	Factory Instrumentation Protocol, Französischer Standard
f_{abtast}	Signal-Abtastfrequenz
$f_{adreß}$	Übertragungsfrequenz für einen Kanal (Ein- und Ausgangskarte) im Signalübertragungssystem
G_M	Relativer Vergleichsfaktor für die Abtastreihenfolgenberechnung mit Prioritätsstufe 2
GAL	Gate Array Logic
G	Die Kanalnummerngruppe mit Prioritätsstufen 1 und 2
$H_{abtast,gesamt}$	Anzahl der Abtastungen aller Kanäle pro Abtastzyklus
HDB 3	High density bipolar 3 code
H_N	Anzahl der Abtastungen pro Abtastzyklus mit der Kanalnummer N

$H_{N_{k1}}$	Anzahl der Abtastungen für Kanalnummer N mit Prioritätsstufe 1 pro Abtastzyklus
$H_{N_{k2}}$	Anzahl der Abtastungen für Kanalnummer N mit Prioritätsstufe 2 pro Abtastzyklus
$H'_{N_{k2}}$	Geforderte Anzahl Abtastungen für Kanäle mit Prioritätsstufe 2
H_{rest}	Anzahl der Abtastungen für Prioritätsstufen 2 Kanäle pro Abtastzykluszeit
IAK	Intelligente Aktoren
ID-System	Identify System
IEEE	Institute of Electrical and Electronics Engineers
IFK	Interfacemodul des Signalübertragungssystems
IPC	Industrie-PC
IR	Industrieroboter
ISR	Intelligente Sensoren
ISO/OSI	International Organisation for Standardisation / Open System Interconnection
IW	Intelligente Werkzeuge
JPEG	Joint Photographic Experts Group
k1	Die Anzahl der Kanäle mit Prioritätsstufe 1
k2	Die Anzahl der Kanäle mit Prioritätsstufe 2
KAn	Kanal Nummer n (n = 1, 2,···, n)
KI	Konkurrenz Intervall
LWL	Lichtwellenleiter
MAP	Manufacturing Automation Protocol
MP n	Montagesteuerungsprogramm
MPEG	Moving Pictures Experts Group
MRn	Aufruf-Datenraum für Slave n

M/S	Master / Slave
MS	Montagestation
N_{gesamt}	Eingesetzte Kanalnummern
N_{k1}, N_{k2}	Die Gruppe der Kanalnummern in Prioritätsstufen 1 und 2
n echt	Nicht echtzeitfordernd
NRZ	None-Return-to-Zero Code
O/E	Optisch / Elektrisch
P	Wahrscheinlichkeitswert der Prioritätsstufe 2 Kanäle für die Abtastreihenfolgeberechnung
PC	Personal Computer
Perio	Periodisch
PM	Dezentrales Peripherie-Modul
Pri	Priorität-Stufen
$Q_{N_{k2}}$	Propotionaler Gewichtungsfaktor
RAM	Random Access Memory
R_{not}	Notwendige Daten- und Signalübertragungsraten
ROM	Read Only Memory
RS	Robotersteuerung
S_{ab}	Signal-Abtastfaktor
SA n	Antwort-Datenraum für Kanal n
SHI	Shiftermodul des Signalübertragungssystems
SM	Sensor-Modul
SMD	Surface Mounted Device
SPS	Speicherprogrammierbare Steuerung
SR	Sensor
SRG	Schieberegister
Stat.	Statistische Buszugriffsverfahren

ST	Steuerungstask
STR	Steuerungsmodul des Signalübertragungssystems
SYN	Synchronisationsmodul des Signalübertragungssystems
t_{ant}	Antwortzeit für Sensoren oder Aktoren
TCP/IP	Transmission Control Protocol / Internet Protocol
TDM	Zeitmultiplexverfahren
TD, TDMA	Time Division Multiple Access
T_{kAm-n}	Zeitspanne für n-te Übertragung der Kanal m
TR	Transistor
TRAM	Transputer modul
$T_{übertragung}$	Datenübertragungsraten
t_{zyk}	Zykluszeit für einen Teilnehmer oder eine Station im Daten- oder Signalübertragungssystem
t_{abtast}	Zykluszeit der Signalabtastungen in Schnittstelle
$t_{abtast,warte}$	Wartezeit im Leseprogramm
t_{abw}	Systematische Abweichung zwischen Signalübertragungssystem und Abtastung im Lesetransputer
$t_{A.n}$	Abarbeitungszeit einzelner Befehlszeilen im Leseprogramm
$t_{B.n}$	Abarbeitungszeit einzelner Befehlszeilen im Verteilprogramm
$t_{C.n}$	Abarbeitungszeit einzelner Befehlszeilen im Steuerprogramm
t_{lese}	Zykluszeit des Leseprogramms im Lesetransputer
t_{steuer}	Zykluszeit des Steuerprogramms im Steuertransputer
$t_{verteil}$	Zykluszeit des Verteilprogramms im Steuertransputer
VA	Datensammlungsprogramm
VE	Datenverteilungsprogramm
V_{erm}	Vermessung
V_{LSB}	Minimale Ausgangsspannung

V_{MAS}	Maximale Ausgangsspannung
$W_{H_{rest}}, N_{k2}$	Relativer Eigenwert der Reihenfolgenberechnung mit Prioritätsstufen 2
WS	Workstation
Z_{ein}	Abtastzeit der Digitalen oder Analogen Signale
Z_{srg}	Prozeßzeiten im Schieberegister
$Z_{übert}$	Interne Prozeßzeiten im Signalübertragungssystem

1 Einleitung

1.1 Problemstellung

Die Verbesserung der Arbeitsbedingungen und der Produktqualität sowie die Senkung der Produktionskosten sind die wichtigsten Ziele in der Automatisierungstechnik /1...5/. Datenübertragung und E/A-Steuerung spielen dabei eine zentrale Rolle. Beide Bereiche waren bis vor wenigen Jahren noch vollständig voneinander entkoppelt. Durch die verstärkte Umsetzung von Konzepten mit automatisiertem Informationsfluß werden für die Steuerung der Produktion und den Datenaustausch innerhalb eines Unternehmens bei steigender Komplexität von Automatisierungsvorhaben immer mehr dezentrale Steuerungen mit Echtzeitanspruch eingesetzt /6/. Dies führt zu einer umfangreicheren und vielfältigeren Datenübertragung zwischen allen Bereichen und Komponenten eines CIM-Produktionssystems als bisher üblich. Besondere Anforderungen sind in der Montage an die Datenübertragung gestellt, da sich dieser Bereich durch eine große Anzahl von peripheren Systemkomponenten auszeichnet, die mit geringer Intelligenz (CPU System oder Kommunikationsmodul für Kommunikationsprotokoll usw.) nicht netzwerktauglich sind.

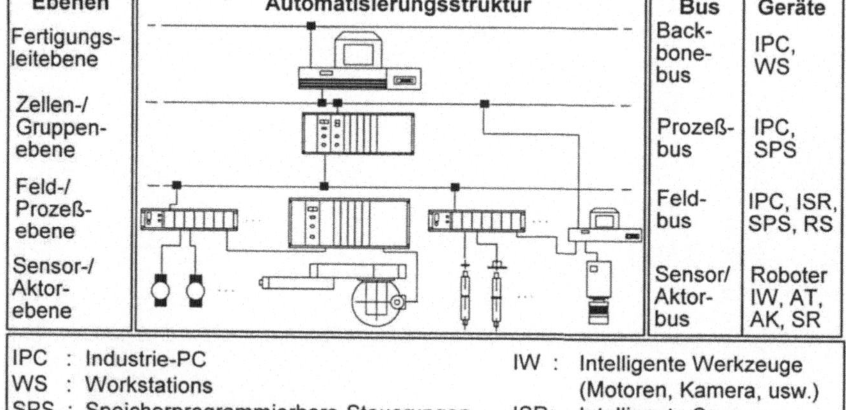

Bild 1.1: Hierarchie der Automatisierungsstruktur

In der CIM-orientierten Montage müssen Steuereinheiten sowie Sensor/Aktorsysteme untereinander vernetzt werden, um den durchgängigen Informationsfluß von der Montageleitebene über die Gruppen- und Prozeßebene bis hin zur Sensor- und Aktorebene sicherzustellen /6, 7/. Eine notwendige Optimierungsaufgabe bei der Vernetzung ergibt sich daraus, daß für die Steuereinheiten unterschiedliche Steuerungsgeräte mit verschiedenen Schnittstellen Verwendung finden. Problematisch ist derzeit, daß in der Feld-/Prozeßebene und der Sensor-/Aktorebene sehr unterschiedliche Feld- und Sensor/Aktorbussysteme (Protokoll und Produktarten) eingesetzt werden, und gleichzeitig eine Echtzeitübertragung der Signale und Daten gefordert wird. Innerhalb einer Zelle müssen in der Regel mehrere Prozesse unterschiedlicher Komplexität parallel durchgeführt werden, wobei die eingesetzten Steuerungssysteme (Zentral- oder Dezentralsteuerungen), Datenübertragungsprotokolle und Übertragungssignaltypen bisher nicht ausreichend standardisiert sind. Die Daten und Signale von Sensoren oder Aktoren durchlaufen die E/A-Steuerung bis hin zur Zellsteuerung oder zum Leitrechner in mehreren Stufen. Die damit steigende Komplexität von Automatisierungslösungen in der Feld- und Sensor/Aktorebene, bedingt durch die unterschiedlichen Datentypen und -mengen von Sensoren und Aktoren, stellt hohe Anforderungen an die Vereinheitlichung und Effizienzerhöhung in der Datenübertragung.

Ein weiteres Problemfeld bei der Datenübertragung sind die Störsicherheit /8/ sowie der begrenzte Maximalabstand zwischen den Steuereinheiten im Feldbereich. Ein hoher Anteil aller Inbetriebnahme- und Störungsprobleme bei Anlagen, Maschinen und Datenübertragungssystemen ist gerade auf die daraus resultierende mangelnde elektromagnetische Verträglichkeit (EMV) sowie auf fehlerhafte Abschirmung und Erdung zurückzuführen. Bei der dezentralen Steuerung sind durchschnittliche Entfernungen zwischen den Komponenten im Feldbereich bis 100 m üblich, d.h. die Übertragung über diese Distanzen und die damit verbundenen EMV-Probleme sind mit herkömmlicher Verkabelung kaum zu reduzieren und gleichzeitig mit hohen Kosten verbunden /9, 10/. Dies gilt insbesondere bei hohen Datenübertragungsraten. Hieraus ergibt sich die Forderung nach einer Verbesserung der Störsicherheit für das Kommunikationssystem bei der Datenübertragung auf geeigneten Übertragungswegen.

Im Hinblick auf die steigende Anzahl der Feldbusstränge in Datenübertragungssystemen für Steuerungen im Feldbereich kann festgestellt werden, daß sich derzeit die Anforderungen an kostengünstige, schnelle und störsichere

Datenübertragungsnetze, verbesserte Steuerungen und einheitliche Verbindungen zwischen Netzen und Steuerungen erhöhen.

1.2 Zielsetzung und Vorgehensweise

Das Ziel der vorliegenden Arbeit ist zum einen die Entwicklung eines Systems aus einem integrierten Signalübertragungssystem, wobei alle Signale durch eine Leitung übertragen werden, und zum anderen die Entwicklung einer Schnittstelle zum E/A-Steuerungssystem (Peripheriesteuerung) für die Montage. Die vorgeschlagene Steuerungstruktur basiert auf Steuereinheiten die zentral im Montageleitrechner angeordnet sind und ihre Verbindung zu den dezentral angeordneten Sensoren und Aktoren über LWL herstellen. Dazu werden ein neuer Abtastalgorithmus entwickelt sowie ein Signalübertragungssystem zur Echtzeitübertragung der unterschiedlichen Signale der Sensoren und Aktoren in der Montage. Mit diesem System wird eine effiziente E/A-Steuerung in der Montage durch eine schnellere und sicherere Signalübertragung für Sensoren und Aktoren im Feldbereich erreicht.

Durch die Analyse der Sensoren, der Aktoren, sowie der Datenübertragungs- und Steuerungssysteme in der Montage werden zunächst die Anforderungen und die technischen Parameter für das System ermittelt.

Zur Beschreibung des Gesamtsystems werden Aufbaualternativen, bestehend aus der Hardware für das Signalübertragungssystem sowie den Schnittstellen zum E/A-Steuerungssystem, konzipiert. Die beiden Elemente stellen die zentralen Funktionsträger der Systemstruktur und des Optimierungsalgorithmus dar. In der Signalübertragung bauen die Verfahren zur Übertragungseffizienzerhöhung auf der Übertragungsreihenfolge der Signale der unterschiedlichen Sensoren und Aktoren auf. Aus der Konzeption des Signalzugriffsverfahrens wird ein optimales Verfahren für die Montage ermittelt. Zur Integration von Signalübertragungs- und Montage-E/A-Steuerungssystem werden Varianten der Schnittstellen als Hardwarekomponenten im E/A-Steuerungssystem aufgezeigt.

In einem Pilotsystem werden das Signalübertragungssystem und die Schnittstellen zum E/A-Steuerungssystem für die Montage mit ausgewählten Teilelementen getestet sowie die Einsatzmöglichkeiten und Anwendungsgrenzen des Systems aufgezeigt. Dabei wird der Algorithmus der Signalabtastungen für Multi-Sensoren im Montagesystem als Simulation untersucht. In der E/A-Steuerung werden softwarebezogene Ablaufleistungen und hardwarebezogene Möglichkeiten getestet, um die Schnittstellen für die Kombination der E/A-Steuerung und des Signalübertragungssystems effektiver zu gestalten.

2 Ausgangssituation

2.1 Begriffe und Definitionen

Feldbereich

Gegenstand der Untersuchungen dieser Arbeit sind die Steuerungsabläufe in der Sensor-/Aktorebene, der Feld-/Prozeßebene und der Zellen-/Gruppenebene. Diese Bereiche werden gemeinsam als Feldbereich definiert.

Feldbussystem und Sensor/Aktorbussystem

Das Übertragungssystem im Feldbereich wird in /7/ in zwei Arten von Bussystemen, das Feldbussystem und das Sensor/Aktorbussystem getrennt. In /11/ werden beide gemeinsam als Feldbussystem definiert. In der vorliegenden Arbeit werden die beiden Definitionen (Feldbussystem und Sensor/Aktorbussystem) verwendet, da die Eigenschaften der Datenübertragung zwischen den Sensoren und Aktoren einerseits und den Steuerungen andererseits jeweils unterschiedliche Datentypen, Datenarten und Merkmale besitzen. Das Feldbussystem ist in der Feld-/Prozeßebene und damit in dem hierarchischen Datenübertragungssystem eine Stufe höher als der Sensor/Aktorbus positioniert. Dieser ist in der untersten Schicht der Datenübertragung angeordnet und dient der einfachen Ansteuerung von Sensoren und Aktoren.

Signalübertragung und Datenübertragung

Die Datenübertragung zwischen den Sensoren, den Aktoren, der dezentralen Peripherie und der Steuerung ist auf den Signalarten, dem Signaltyp und der notwendigen Übertragungsgeschwindigkeit der Sensoren und Aktoren aufgebaut. Hierbei wird die Übertragung im Sensor-/Aktorbussystem als Signalübertragung definiert. Im Feldbussystem wird für die Übertragung von Betriebsdaten, Programmen und Steuerdaten der Begriff der Datenübertragung benutzt.

Multiplexverfahren und Datenkomprimierung im Kommunikationssystem

Um eine große Datenmenge, z.B. ein Farbbild, in Echtzeit zu übertragen, muß das Datenvolumen reduziert werden. Dafür werden unterschiedliche Kodierungsmethoden verwendet. Diese werden als Datenkomprimierung bezeichnet /12/. Für diese Datenkomprimierung wird eine gewisse Datenbearbeitungszeit benötigt. Um die Effizienz der Kommunikationsleitung zu erhöhen, können Multiplexverfahren angewendet werden /13/. Ein Multiplexer ist eine Funktion, die eine oder mehrere

Leitungen mehrfach benutzen kann. Dies wird im ISO-OSI Referenzmodell als Buszugriffsverfahren (MAC: medium access control) in der Schicht 2 definiert.

2.2 Stand der Technik

2.2.1 E/A-Steuerung in Montagesystemen

Die Montageaufgaben werden in unterschiedlichen Anordnungen, z.B. im Einzelsystem (Zellenlösungen) oder im verketteten Gesamtsystem (Montagesystem), behandelt. Die Montage beinhaltet das Ordnen, die Magazinierung, die Handhabung und das Fügen von Bauteilen /14/. Für diese Aufgaben werden viele einfache aber auch intelligente Aktoren und Sensoren eingesetzt, wobei unter intelligenten Sensoren solche verstanden werden, die intern bereits eine Datenvorverarbeitung durchführen. Um diese zu integrieren, werden meist mehrere spezifische E/A-Steuerungsgeräte innerhalb eines Montagesystems benötigt. Die Sensoren und Aktoren können mit den E/A -Steuerungsgeräten auf der Sensor/Aktorbus- oder der Feldbus-Ebene verbunden werden.

Industrieroboter sind hinsichtlich Arbeitsraum, Geschwindigkeit und kinematischem Aufbau für den Einsatz in der Montage geeignet, wobei die flexible Durchführung von Arbeitsprozessen und schnellere Bewegungen der Aktoren gefordert werden /4/. Die Montageroboter oder die Handhabungssysteme in Montagestationen sind mit Werkzeugen (meist Greifer mit diversen Sensoren und Aktoren) ausgerüstet. Die Signale der Sensoren und Aktoren des Montageroboters können durch ein Datenübertragungssystem bis hin zur Montagestation oder Zellsteuerung angesprochen werden.

2.2.1.1 Sensoren und Aktoren in der Montage

Sensoren bzw. Aktoren für Montageanwendungen müssen unterschiedliche Funktionen, wie z.B. Datenerfassung, Erkennung, Fügen, Bewegen und Steuern, ausführen /15/. Hierbei ist das Einsatzfeld der verschiedenen Sensoren und Aktoren neben dem Prozeß von ihrem Wirkprinzip abhängig.

Die Eigenschaften, Signaltypen, Geschwindigkeiten, etc. von Sensoren und Aktoren in Montagesystemen sind sehr unterschiedlich, wie die Klassifikation von Sensoren und Aktoren in der Montage in Bild 2.1 anhand beispielhafter Anwendungen in Anlehnung an /16-18/ zeigt.

Die Signalarten von Sensoren und Aktoren sind einem der folgenden Grundsignaltypen zuzuordnen /19/:

- Analogsignal mit Spannungs- und Strombereich
- Digitalworte mit 4-, 8-, 12- und 16 bit Binärzahlen
- binäre Einzelsignale

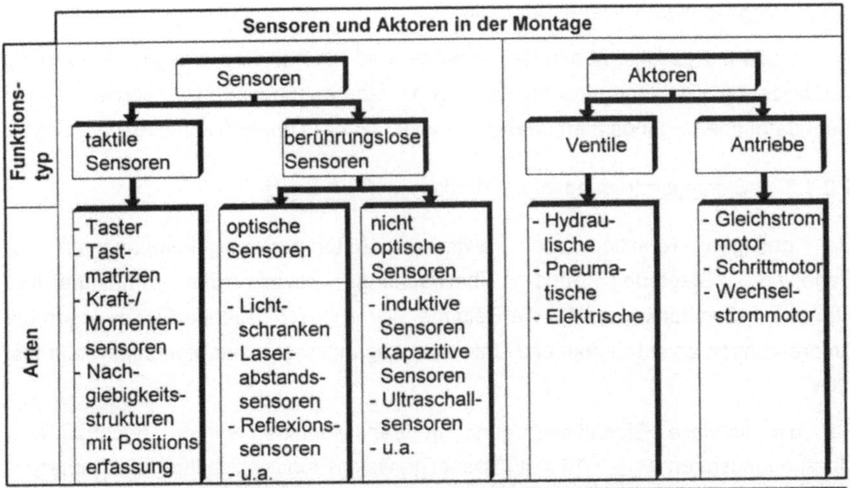

Antwortzeitklassifizierung der Sensoren und Aktoren

Sensor und Aktor	Wortlänge (B)	Antwortzeit (t_{ant})	Notwendige Signalübertragungsraten: $R_{not} = 1/(B \cdot t_{ant} \cdot S_{ab})$, S_{ab}: Abtastfaktor
Zähler (S_{ab} = 1)	16	< 1 ms	> 16 kbit/s
Schneller, analoger Sensor (S_{ab} = 2)	12	20 - 1 ms	0,8 - 24 kbit/s
Digitale Eingänge (Ereignis), (S_{ab} = 1)	1	1 ms	1 kbit/s
Antriebe (S_{ab} = 1)	12	10 - 100 ms	0,25 - 2,5 kbit/s
Langsamer, analoger Sensor (S_{ab} = 2)	12	100 ms - 1 s	80 - 120 bit/s
Digitale, Eingänge (Zustand), (S_{ab} = 1)	1	20 - 100 ms	10 - 50 bits/s
Ventil (ON/OFF) (S_{ab} = 1)	1	20 ms - 1 s	1 - 50 bit/s
			10^0 10^1 10^2 10^3 10^4 10^5 bit/s

Bild 2.1 : Klassifikation der Sensor- und Aktorsignale für Signalübertragungsraten

Die Analogsignale haben Antwortzeiten zwischen 1 s bei Temperatur- und Durchflußsensoren und bis zu 1 ms bei Druck-, Kraft- und Drehzahlsensoren. Bei den Digitalsignalen besitzt ein schneller Näherungsschalter beispielweise eine Eigenfrequenz von 1 kHz. Für langsamere Ventile genügt jedoch eine Antwortzeit von 1 s. Diese Antwortzeiten stellen die Nennsignalübertragungsraten für Steuerung der Montagesensoren oder -aktoren dar.

Wie in Bild 2.1 gezeigt, haben die Sensoren und Aktoren für die Signalübertragung verschiedene Anwendungsbereiche und Übertragungsraten. Hierbei finden Nenndatenübertragungsraten im Bereich von 1 bit/s bis über 16 kbit/s Anwendung.

2.2.1.2 Signalübertragung in der Montage auf E/A-Basis

Die geringen Reaktionszeiten zwischen Automatisierungskomponenten für Regelung, Steuerung und Überwachung sowie die umfangreichen Kommunikationsfunktionen für die Belange aller angeschlossenen Geräte legen die Anforderungen an ein Signal- und Datenübertragungssystem im Montagesystem fest /20/.

Für die schnelle Signalübertragung in der Montage werden hochfrequente Übertragungsraten ($R_{not} > 16$ kbit/s) benötigt, welche hinsichtlich ihrer elektromagnetischen Verträglichkeit (EMV) empfindlich sind. In den Signalübertragungsleitungen werden elektromagnetische Störungen durch kapazitive Kopplung (über elektrische Felder), induktive Kopplung (über magnetische Felder) und Strahlungskopplung (über elektrische und magnetische Felder) verursacht /21/. Diese Einkopplungen entstehen hauptsächlich durch in geringer Entfernung (ca. $\leq$ 20 m /21/) liegende Energieleitungen oder Geräte, welche elektromagnetische Felder erzeugen, wie z.B. Schweißgeräte, Transformatoren, Leistungsschalter u.s.w., also durch Geräte oder Komponenten, welche üblicherweise als Teile von Montagesystemen benutzt werden. Die Störanfälligkeit in der Signalübertragung wird durch die Arten der Leitungen und Schnittstellen sowie die Umgebung beeinflußt. Um Signale mit EMV-Schutz zu übertragen, wurden bisher unterschiedliche Arten von Kabeln und Schnittstellen, z.B. Koaxkabel, abgeschirmte Kabel, Filter, u.s.w. eingesetzt. Trotzdem können EMV-Störungen mit elektrischen Leitungen nie ganz vermieden werden.

Die Entwicklung im Bereich des Einsatzes von Montagerobotern geht in die Richtung von zunehmend komplexeren und umfangreicheren Sensor- und Aktorsystemen. Die Folge hiervon ist, daß häufiger vieladrige und somit schwere Kabelbäume benötigt werden können, um die Signale zu den Roboterwerkzeugen zu übertragen.

Hierdurch steigen die Installationskosten und die EMV-Störungen. Desweiteren werden durch die Kabelbäume die mechanischen Eigenschaften des IR eingeschränkt (Beeinträchtigung der dynamischen Eigenschaften, Behinderung durch Schleppkabel, etc.).

Optische Leitungen haben gegenüber elektrischen Leitungen die Vorteile höherer Übertragungsraten, längerer Übertragungswege, besserer Störsicherheit und einfacher Verkabelung. Der Nachteil der höher ausfallenden Verkabelungskosten kann durch die Verwendung von Kunststofffasern vermindert werden.

Eine weitere Methode zur Datenübertragung zwischen Einzelkomponenten ist die drahtlose Übertragungstechnik, welche bei Montagesystemen jedoch aufgrund der Signalvielfalt sehr aufwendig wäre.

2.2.2 Ansätze der Daten- und Signalübertragung

Das Bussystem im Feldbereich für Signal- und Datenübertragung weist verschiedene Leistungen und Definitionen auf. Diese Feld- und Sensor/Aktorbussysteme kommen im Gegensatz zum ISO-OSI Referenzmodell mit drei (Schicht 1: Bitübertragungsschicht, Schicht 2: Sicherungsschicht und Schicht 7: Anwendungsschicht) statt mit sieben Schichten aus, da diese Bussysteme mit durchsatzorientierter Kommunikation und preiswerter Technik aufgebaut werden. Der Feld- und Sensor/Aktorbus ist eine Leitung, welche eine begrenzte Anzahl Teilnehmer (PC, SPS, intelligente Feldgeräte) verbindet /22, 23/. Diese Teilnehmer tauschen Daten oder Signale über das Bussystem aus. Je nach Prozeßanforderungen und Bedarf der Automatisierungsgeräte sind die Varianten der Kommunikationen und deren Strukturen nicht einheitlich /24/.

Im Feldbereich sollen die Feld- und Sensor/Aktorbussysteme die Bedingungen des echtzeitfordernden, periodischen und aperiodischen Daten- oder Signalaustausches erfüllen /25/. Dafür wurden verschiedene Methoden, welche die Übertragungseffizienz der Daten und Signale erhöhen, entwickelt. Unter Übertragungseffizienz ist in diesem Zusammenhang die Zunahme der Übertragung von Datenmengen in gleichen Zeiträumen zu verstehen. Die unterschiedlichen Methoden, wie in Bild 2.2 gezeigt und bewertet, werden je nach Daten- oder Anwendungsbereich der Kommunikation eingesetzt. Besonders die Zeitmultiplexverfahren werden für das Kommunikationssystem im Feldbereich benutzt, da Zeitmultiplexverfahren mehrere geeignete Eigenschaften zur echtzeitfordernden periodischen Daten- oder Siganlübertragung für Sensoren und Aktoren haben. Sie werden als Buszugriffsverfahren, welche in der ISO-OSI Bitübertragungsschicht liegen, definiert /16, 26/.

Methode			Funktionsprinzip	Realisierung (Beispiel/ Norm)	Kriterien			
					Bild- u. Text-daten	Sprache, Kommu-nikation	Techni-scher Aufwand	Einsatz im Feld-bereich
Daten-komprimierung			Datenmenge (bei Kodierung)	JPEG MPEG, Hoffman	●	◐	○	◐
Leistungs-code			NRZ 1 0 0 1 1 1 CMI	AMI, HDB 3 CMI	●	●	◐	◐
Zeitmultiplex	Stat.	CSMA/ CD, CA	KI DTR n DTR n DTR n Zeit →	CAN-Bus (ISO 11898)	●	●	◐	◐
	Det.	TDMA	DTR 1 DTR 2 DTR 3 ··· Zeit →	Interbus-S (DIN E 19258)	○	○	●	●
		Master/ Slave	MR 1 SA 1 MR n SA n ··· Zeit →	PROFIBUS (DIN 19245)	○	○	◐	●
		Token-bus		MAP (IEEE 802,4)	●	●	●	◐
		Token-ring		IEEE 802,5	◐	◐	◐	◐
Frequenz-multiplex			KA 1 KA2 KA3 → Hz → Hz	Kabel-fernsehen, Telefon	●	●	○	○

NRZ	: None-Return-to-Zero Code	KAn	: Kanal Nummer n (n=1, 2,,, n)
CMI	: Code Mark Inversion Code	Stat.	: Statistische Buszugriffsverfahren
DTR n	: Datenraum für Kanal n (n=1, 2,,, n)	Det.	: Deterministische Buszugriffsverfahren
KI	: Konkurrenz Intervall	●	: gut geeignet
MR n	: Aufruf-Datenraum für Slave n	○	: nicht geeignet
SA n	: Antwort-Datenraum von Slave n	◐	: nicht ausreichend geeignet
■	: Teilnehmer n (n=1, 2,,, n)		

Bild 2.2: Verfahren zur Erhöhung der Daten- und Signalübertragungseffizienz

Datenkomprimierung und Leistungscode werden zur Verkleinerung der Datenmenge verwendet. Das Frequenzmultiplexverfahren (FDM: Frequence Division Multiplexing) wird eingesetzt, um die Effizienz der Leitungsverwendung zu erhöhen. Dabei sind die Datenkomprimierung und FDM nicht für die Kommunikation im Feldbereich geeignet, da die Hardwarekosten gegenüber relativ niedrigen Kosten im Kommunikationssystem in der Montage zu hoch sind.

In /25/ wurden die Feldbussysteme (PROFIBUS, FIP) hinsichtlich der Übertragung von Multimediadaten im Feldbereich und die Erfüllung der Echtzeitforderungen untersucht. In dieser Arbeit, in der ein Übertragungssystem für Multimediadaten vorgeschlagen wurde, wurden Komprimierung und Leistungscode angewendet und mehrere Kommunikationsgeräte eingesetzt. Dabei konnten die Anforderungen hinsichtlich Echtzeitfähigkeit, periodischer und aperiodischer Datenübertragung jedoch nicht ausreichend erfüllt werden. Gleichzeitig ist der technische Aufwand für Montagesysteme sehr hoch.

2.2.3 Ansätze der integrierten Signalübertragung und E/A-Steuerung

Das Ziel einer einheitlichen CIM-Struktur soll dadurch erreicht werden, daß man rechnergestützte Abläufe auf den verschiedenen Ebenen zu durchgängigen Verfahrensketten verknüpft /18/. In jeder Ebene der hierarchischen Automatisierungsstruktur werden die Automatisierungskomponenten der unterschiedlichen Datenübertragungsnetze und die Verbindungsmethoden zum Informationsaustausch gekoppelt. Um rechnergestützte Steuerungskreise von Sensoren und Aktoren bis hin zum Leitrechner zu verbessern, wurden mehrere Studien in verschiedenen Bereichen durchgeführt /16, 20, 26-29/. Die Ermittlungen und Entwicklungen beziehen sich hierbei auf die Bereiche der integrierten Anpassung von Sensor-, Aktorsignalen und der verteilten parallelen Steuerung mit einheitlicher Datenübertragung. In Bild 2.3 werden die Grundkonzepte dieser Arbeiten dargestellt. Sie können aber aufgrund der unterschiedlichen Ziele und Vorgehenweisen nicht in allen Aspekten miteinander verglichen werden.

In der "verteilten parallelen Steuerung" gemäß Bild 2.3 werden getrennte Bussysteme betrachtet. Diese Systeme sind besonders für die Steuerung und Daten- und Signalübertragung einer kleinen Montagezelle oder von Montagestationen mit mehreren unabhängigen Tasks geeignet. Hierfür werden in /25/ die Hardware-Komponenten, SlotSPS, und in /28/ die Softwaremodule für eine Multitask-Umgebung des Industrie-PC`s eingesetzt. Bei dieser Methode ist jedoch die Leistung der Steuerung und der Datenübertragung durch die Anzahl der Steckslots im Industrie-PC oder durch die RAM-Größe und die Mikroprozessortaktzeit begrenzt. Hinzu kommt, daß eine einheitliche Datenübertragung nicht gewährleistet ist.

In dem "busgebundenen Sensor-/Aktormodul" werden mit dem Feldbus gekoppelte Sensor-, Aktorsignal-, Steuerungskreise eingesetzt sowie bus-geeignete Sensor- und Aktormodule konzipiert und entwickelt. In diesem Bereich ist bei begrenzter Systemgröße eine einheitliche Datenübertragung gegeben, dennoch ist eine Datenübertragung zwischen den parallel laufenden Steuerungen nicht gewährleistet. Mit diesem System können Echtzeitanforderungen beim Einsatz von mehreren Steuerungen in einem Feldbus daher nicht erfüllt werden.

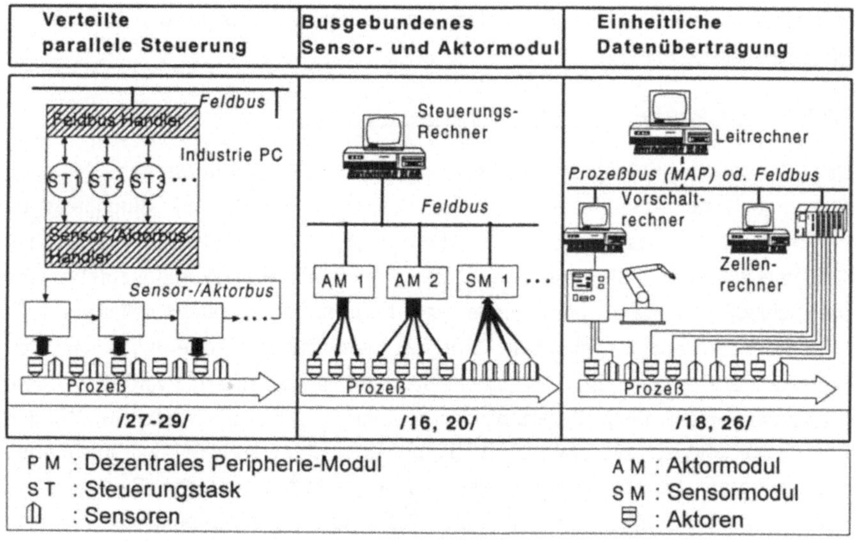

Bild 2.3: Grundkonzepte der parallelen Steuerungstasks in busgebundenen Steuerungen, der integrierten Anpassung der Signale im Datenübertragungssystem und der einheitlichen Datenübertragung

Für eine "einheitliche Datenübertragung" werden in den Arbeiten /18, 26/ MAP (Manufacturing Automation Protocol) oder "MAP-konforme" Feldbussysteme vorgeschlagen und eingesetzt. Diese "MAP-konformen" Feldbussysteme eignen sich nicht für die echtzeitfordernde Anbindung von mehreren kleinen Montagezellen.

3 Analyse und Anforderungen der Signal- und Datenübertragungstechnik sowie von E/A-Steuerungssystemen in der Montage

3.1 Die E/A-Steuerungsarchitektur in Montagesystemen

3.1.1 Steuerungshierarchie in komplexen Montagestrukturen

Ein Montagesystem wird durch verschiedene Stationssteuerungsarten strukturiert, wobei die Steuerungen miteinander gekoppelt werden müssen. Um Normierungsfaktoren für die optimale Steuerungsstruktur für Montagesysteme zu finden, ist in Bild 3.1 eine komplexe und an das Kommunikationssystem gebundene Montagestruktur als Beispiel dargestellt. Das Bild zeigt eine Analyse von sechzehn Montagestationen.

Die Anzahl von Mikroprozessoren (PC) pro Station beträgt im Durchschnitt zwei (ohne Robotersteuerungen), d. h. in jeder Station werden zwei unabhängige Steuerungsgeräte für die Montageablaufsteuerung und -überwachung benötigt. Das bedeutet, daß die Daten- oder Signalübertragungsstruktur zwischen den drei Steuerungsgeräten (mit Robotersteuerung) in einer Montagestation viele dezentrale Einheiten aufweist. Hierzu ist die Anzahl der benötigten SPS-Funktionen für die Steuerung der Montageaufgaben geringer als beim PC, da mehrere komplexe intelligente Sensoren und Aktoren, welche nicht mit einer SPS gesteuert werden können, für die Montagestation eingesetzt werden sollen. Zusätzlich benötigt jede Station durchschnittlich vier Schnittstellen für die Daten- oder Signalübertragung zwischen den Steuerungen. Die Verbindung mit dem Roboterwerkzeug ist in dem Daten- oder Signalübertragungssystem gewährleistet, wobei dieses zumeist der Robotersteuerung untergeordnet ist.

Aus der Analyse ergibt sich, daß einheitliche Datenübertragungssysteme zwischen den Steuerungen der Montagestationen, parallele Steuerungsstrukturen in einer Multi-Tasking-Umgebung, neue Steuerungsgeräte, wie z.B. Mikro-Prozessoren für ISR und IAK, und eine Verringerung der Anzahl der Schnittstellen je Montagestation notwendig sind, um einen einfachen Informationsfluß und eine Steuerungsstruktur für Montagestationen zur Steuerung der verschiedenen Werkzeuge zu realisieren.

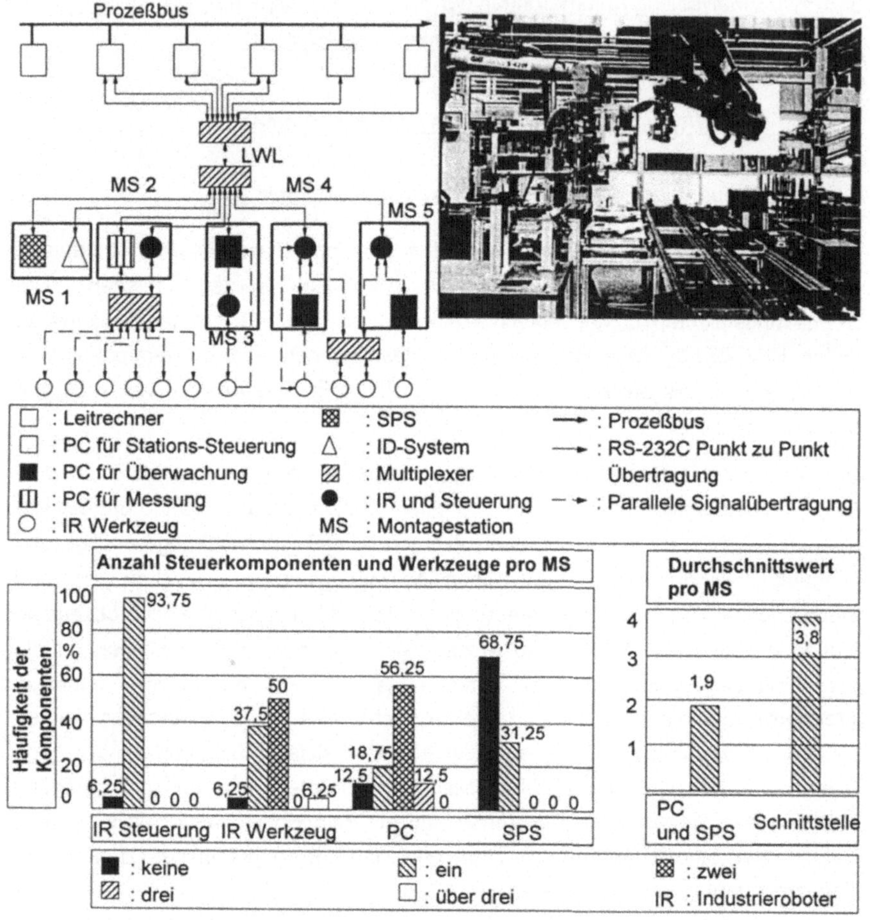

Bild 3.1: Analyse der Steuerungshierarchie in der Montage

3.1.2 Sensorkonfiguration in Montagesystemen

Montagewerkzeuge werden mit verschiedenen Sensoren ausgerüstet und sind mit Leitungen für die Signalübertragung an die Prozeß- oder Robotersteuerung gekoppelt. Zur Erfassung der Signalübertragungsparameter wurden 16 Roboterwerkzeuge mit unterschiedlichen Montageaufgaben untersucht.

Um ein Signalübertragungssystem am Roboterwerkzeug einzusetzen, muß eine Analyse der signalartspezifischen Funktionen, der maximalen Frequenz der Signalabtastung und der Signalbearbeitungsarten der Sensoren durchgeführt werden. Die Signale der Sensoren werden in analog und digital unterteilt. In der Montageautomatisierung haben die Digitalsignale einen höheren Anteil (56 %) als die Analogsignale. Bild 3.2 zeigt die Merkmale der Sensorsignale von Roboterwerkzeugen.

Bei der Analyse der Sensorfunktionen wurde bei Digitalsignalen die binäre Entscheidungsfunktion, die keine periodische Signalabtastung erfordert, und bei Analogsignalen die Meßfunktion, die eine periodische Signalabtastung erfordert, als wichtigste Funktionen gefunden. Hierbei müssen diese analogen Meßsignale im Signalübertragungssystem für die Übertragung zur Steuerung in digitale Signale umgesetzt werden. Da die A/D- oder D/A-Wandler im Signalübertragungssystem nicht den ganzen Spannungsbereich ausfüllen können, wird der Spannungsbereich -10 V ... +10 V für die Analogsignalumwandlung im Signalübertragungssystem gewählt. Dies stellt einen geeigneten Spannungsbereich dar, da die Signalspannung bei Analogsignalen mit einem Anteil von 91 % überwiegend in diesem Bereich liegt. Die Signalbearbeitungsarten der Sensoren werden in zwei Arten unterteilt. Eine benötigt die Echtzeitfähigkeit des Systems, die andere nicht /25/. Bei der Analogsignalanalyse hatten die echtzeitfordernden Signale ca. 55 % Anteil. Diese Signale benötigen ein Signalübertragungssystem ohne Verzögerung der Signalübertragung und schnellen Übertragungsraten.

Die maximale Frequenz der Signalabtastung der Sensoren ist die wichtigste Voraussetzung für die Auslegung des Signalübertragungssystems und des Steuerungssystems. In der Analyse zeigt sich, daß bei Digitalsignalen der Frequenzbereich von 100 Hz ... 1 kHz mit 71 % den größten Anteil an den verwendeten Frequenzen darstellt. Bei Analogsignalen wird hingegen der Frequenzbereich von 1 Hz ... 1 kHz am meisten angewandt (64 %). Daraus folgt für den Einsatz eines Signalübertragungssystems für Roboterwerkzeuge, daß das Übertragungssystem die Signalabtastungsbereiche 1 Hz ... 1 kHz für die Roboterwerkzeugsensoren bereitstellen muß. Hierfür muß die Signalübertragungsrate mindestens 24 kbit/s (mit $S_{ab} = 2$ und $B = 12$) nur für Nenndaten je Sensor betragen, während die Signalbearbeitungszeit bei dieser Antwortzeit in einer SPS üblicherweise 10 ms pro 1000 Anweisungen /30/ beträgt.

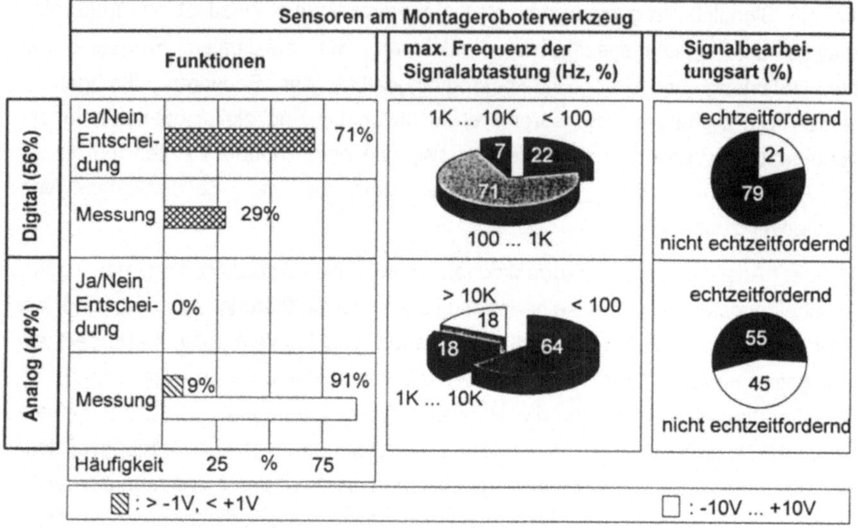

Bild 3.2: Analyse der Sensorsignale bei Montageroboterwerkzeugen

3.2 Feld- und Sensor/Aktorbussysteme

3.2.1 Betriebsparameter

Im folgenden werden Komponenten und Konzepte von Übertragungssystemen analysiert, welche bereits auf dem Markt in unterschiedlichen Varianten existieren. Diese Übertragungssysteme haben verschiedene technische Spezifikationen und Installationskosten. Desweiteren besitzen sie wenig Kompatibilität zueinander, da die meisten Systeme von der Hardware abhängig sind.

Zur Analyse der Betriebsparameter der Signal- und Datenübertragungssysteme wurde bei 32 Feld- und Sensor/Aktorbussystemanwendungen eine Analyse der charakteristischen Parameter durchgeführt. Die in der angefertigten Analyse verarbeiteten Daten der auf dem Markt erhältlichen Feld- und Sensor/Aktorbussysteme (z.B. Medium, Übertragungsrate, usw.) stammten dabei aus den Arbeiten /7, 18, 25, 35/. Das Ergebnis der Analyse ist in Bild 3.3 dargestellt.

Bei der Angabe der technischen Grenzen von den Produkten der einzelnen Hersteller werden teilweise abweichende Angaben in Bezug auf Anzahl der Teilnehmer, Länge der Übertragungswege und Datenübertragungsraten gemacht.

Aus diesem Grund wurden in dieser Analyse die maximalen Werte für die Datenübertragungsraten und die Anzahl der Teilnehmer verwendet. Desweiteren wird der Wert ohne Repeater für die Länge der Übertragungswege und die Anzahl der Teilnehmer ausgewählt.

Bei der Analyse traten zwischen den Teilnehmern Entfernungen im Bereich von 20 bis 100 m auf. Mit dieser Voraussetzung werden die Systemtopologien, Schnittstellen und Medien der Übertragungssysteme weitergeführt. Die Übertragungsmedien müssen hierbei in Abhängigkeit der Datenübertragungsraten analysiert werden, da sie sich gegenseitig beeinflussen.

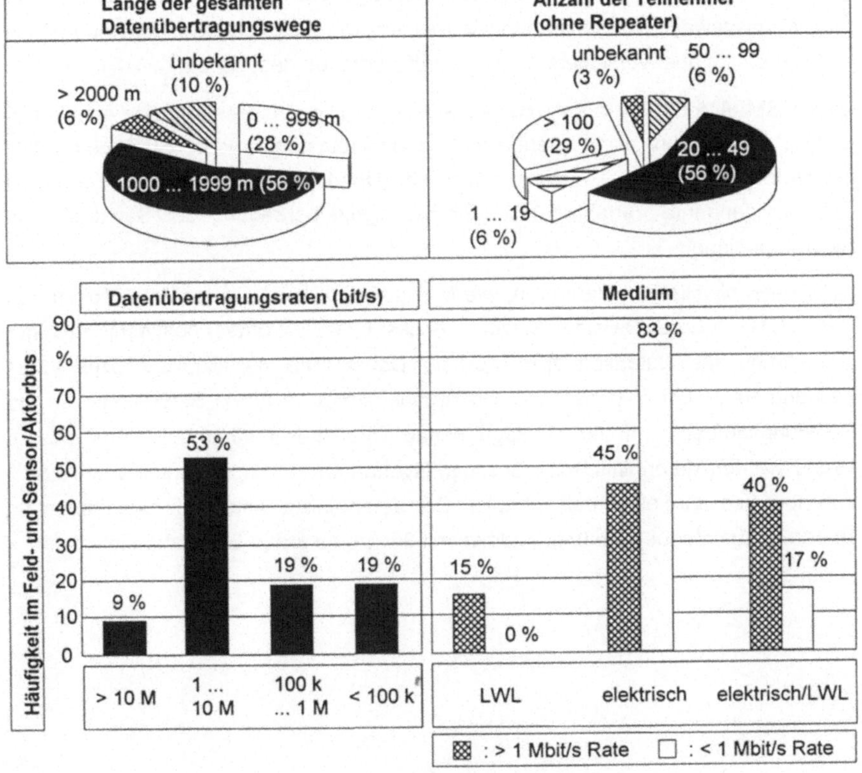

Bild 3.3: Analyse der Feld- und Sensor/Aktorbussysteme

Um eine Echtzeitsteuerung oder -regelung im Feldbereich zu realisieren, werden zu 62 % Übertragungsraten von über 1 Mbit/s benutzt. Bei einer Datenübertragungsrate von über 1 Mbit/s werden zu 55 % LWL eingesetzt, bei einer Rate von unter 1 Mbit/s nur 17 % LWL. Mit steigenden Übertragungsraten von über 1 Mbit/s nimmt die Häufigkeit der LWL um etwa 200 % zu, d.h. in Bezug auf Signal- und Datensicherheit gegen EMV wird bei Produkten für den Feldbereich mit höheren Übertragungsraten der Einsatz von LWL-Medien als Notwendigkeit betrachtet.

3.2.2 Buszugriffsverfahren für Feld- und Sensor/Aktorbussysteme

Das Buszugriffsverfahren ist ein wichtiger Faktor für die Daten- und Signalübertragungsleistung des Kommunikationssystems. Bei den unterschiedlichen Montageaufgaben oder -umgebungen, wie Systemstruktur und Aufgabearten mit Echtzeitanforderung, wird ein geeignetes Buszugriffsverfahren für jedes eingesetzte System ausgewählt. Damit kann die Vernetzung der Automatisierungskomponenten im Feldbereich über verschiedene Buszugriffsverfahren geschehen.

Beim CSMA/CA,CD-Verfahren (Carrier Sensing Multiple Access/Collision Avoidance, Collision Detection) sind periodische Signalabtastung oder Buszugriff nicht gewährleistet, da dieses durch stochastische Übertragung bestimmt ist. Darum ist das hier genannte Verfahren nicht für die Signalübertragung der Sensoren und Aktoren geeignet.

Beim deterministischen Verfahren, wie M/S (Master/Slave), Token-Ring, Token-Bus und TDMA (Time Division Multiple Access), wird vorher bestimmt, welcher Teilnehmer das Datensenderecht erhält. Dabei muß die Buszugriffszeit jedes Teilnehmers bei höheren Übertragungsraten für Steuerungs- und Regelungsaufgaben in der Montage genau vorausbestimmbar sein. Aus diesem Grund werden deterministische Buszugriffsverfahren mit einem Anteil von 73,5 % üblicherweise im Feldbereich benutzt. Die deterministischen Verfahren haben im Übertragungsratenbereich über 1 Mbit/s mit 80 % eine große Einsatzhäufigkeit.

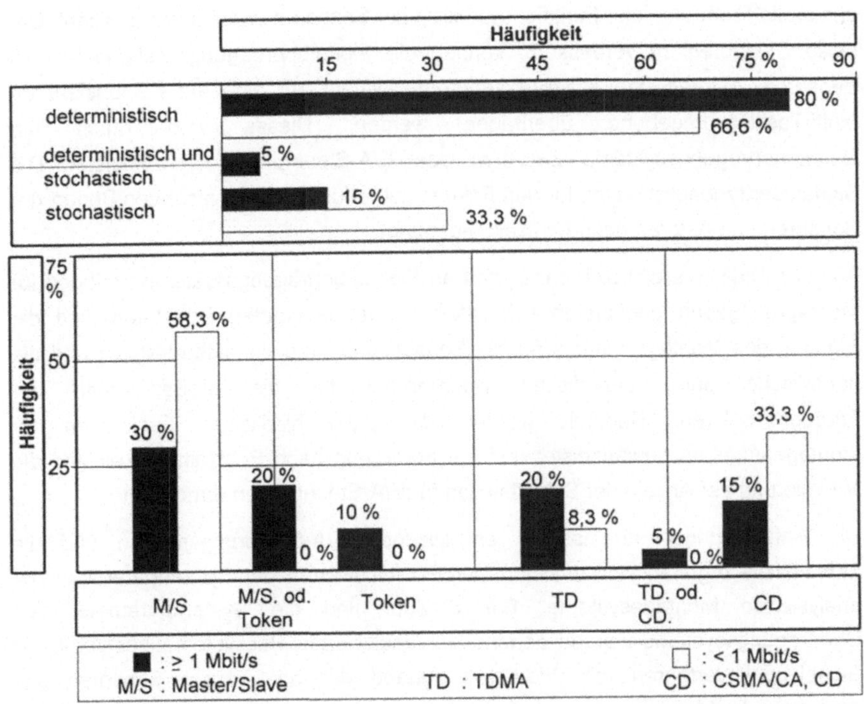

Bild 3.4: Analyse der Buszugriffsverfahren in Feld- und Sensor/Aktorbussystemen

Um die periodischen Übertragungen der Echtzeitsysteme zu erreichen, werden für Feld- und Sensor/Aktorbussysteme Prioritäten in deterministischen Buszugriffsverfahren in verschiedenen Varianten eingesetzt. Die Anzahl der Prioritäten ist dabei jedoch auf eine oder wenige begrenzt, z.B bei SERCOS /45/ auf vier. Dieses ist nicht ausreichend für die Sensoren und Aktoren mit unterschiedlichen Frequenzspektren und Funktionen. Außerdem werden die Prioritäten durch die Bussysteme gesteuert, weshalb sie bei Veränderung der Montageaufgabe nicht einfach gewechselt werden können. Fast jedes Bussystem benutzt eine Steckkarte als Busschnittstelle, welche mit CPU, RAM und ROM für die Protokollierung und Kodierung zuständig ist. Dadurch entstehen hohe Installationskosten.

3.3 Fazit der Analyse

Als Gründe für die unterschiedlichen Montagesystemstrukturen werden viele Schnittstellen, bessere Steuerungsgeräte für die intelligenten Sensoren und Aktoren und breite Frequenz- und Funktionsspektren der Sensoren und Aktoren genannt. Um diese Strukturen zu verbessern, können die Signalübertragungssysteme für die Sensoren, Aktoren und das E/A-Steuerungssystem auf eine auf PC basierende Multi-Tasking-Umgebung übertragen werden. Dieses wird durch die Datenübertragungssysteme zwischen den E/A-Steuerungen gewährleistet. Die Signalübertragungssysteme für den Feldbereich erfüllen jedoch nicht den Bedarf der Sensoren und Aktoren nach Echtzeitumgebung.

Aus der Analyse ergibt sich der Bedarf an Signalübertragungssystemen mit den für Montageaufgaben geeigneten Prioritäten. Diese geeigneten Prioritäten sind die Eignung des Montagesystems für die Sensor- und Aktorsignalübertragung und die periodische und aperiodische Übertragung für die große Breite der Frequenzspektren. Dadurch werden die unterschiedlichen Funktionen für Montageaufgaben gewährleistet und die Forderung nach Echtzeitfähigkeit und die Minimierung der Anzahl der Schnittstellen für E/A-Steuerungen ermöglicht.

Die Anforderungen an das zu entwickelnde E/A-Steuerungssystem und die Schnittstelle ergeben sich aus den Durchschnittswerten der Systemparameter der analysierten Montagesysteme. Die Struktur und die Systemparameter des Übertragungssystems werden anhand der analysierten Bussysteme bestimmt, die Signalzugriffsverfahren mit Prioritäten anhand der analysierten Sensoren und Aktoren in der Montage.

Weiterhin werden verschiedene Möglichkeiten von Gesamt- und Teilsystemen und unterschiedliche Varianten des Multistufen-Prioritäten-Algorithmus für die Signalübertragung ermittelt.

3.4 Anforderungen an das E/A-Steuerungssystem und die Signalübertragungssysteme für die Montage

3.4.1 Anforderungen an das E/A-Steuerungssystem und die Schnittstelle

Aus der Analyse ergeben sich die in Bild 3.5 dargestellten Grundforderungen an das E/A-Steuerungssystem und die Schnittstellen. Sie gelten für die Gestaltung des Signalübertragungssystems. Die grundlegenden Anforderungen an das System sind durch strukturbezogene Anforderungen weiter zu ergänzen.

Anforderung an E/A-Steuerungsstrukturen (PC)
• Programme oder Steuerungsgeräte, Modularität und Parallelisierung Anzahl Steuerungstasks pro Montagestationen ≥ 2
• PC-orientierte, parallele Multi-Task- oder Multi-Mikroprozessoren-Steuerungsstruktur für mehrere intelligente Sensoren und Aktoren
• Einsatz von Mikroprozessoren mit internen Schnittstellen für die Datenübertragung zwischen den Tasks
• paralleler Datenaustausch zwischen den E/A-Steuerungen in einem Montagesystem
• Anzahl steuerbarer Werkzeuge pro Montagestation ≥ 2
• kostengünstig
Anforderungen an die Schnittstelle für E/A-Steuerungen
• Verkleinerung der Anzahl der Hardwareschnittstellen pro Montagestationssteuerung
• Effizienz der Signalverteilung für E/A- Steuerungsprogramme
• Verbindungsmöglichkeit mit dem PC

Bild 3.5: Anforderungen an das E/A-Steuerungssystem in den Montagezellen

Eine wichtige Anforderung an die E/A-Steuerung ist das PC-basierte, parallele Multi-Tasking oder die Multi-Mikroprozessoren-Struktur, da, wie in der Analyse gezeigt, grundsätzlich mehrere Steuerungs- und Überwachungstasks in einer Montagestation vorhanden sind. So kann der Datenaustausch mit mehreren Steuerungsgeräten leichter und mit geringeren Installationskosten realisiert werden. Die Reduzierung der Komplexität ist durch die Forderung nach einer Veringerung der Anzahl der Schnittstellen gewährleistet. Für die Montagesteuerung müssen die verschiedenen Steuerungstasks mit geeigneten Leistungen durchgeführt werden. Um dies zu erreichen wird eine optimale Signalverteilung zwischen den E/A-Tasks und den Schnittstellen für die E/A-Steuerung in der Montage gefordert.

3.4.2 Anforderungen an das Signalübertragungssystem für die Signale der Sensoren und Aktoren

Die Anforderungen an das Signalübertragungssystem sind gekennzeichnet durch die Signalübertragbarkeit mehrerer Signale mit verschiedenen Geschwindigkeiten, die Sicherheit und Erhöhung der Übertragungseffizienz für unterschiedliche Signalarten, wie binäre Entscheidung, Messung und Echtzeitanforderung. In Bild 3.6 sind die Anforderungen an das Signalübertragungssystem zusammengefaßt.

Signalübertragungssystem (Struktur)
• Hohe Datensicherheit von Datenleitungen gegen Störungen, 20 m ≤ Abstand ≤100 m
• Geringe Verkabelungskosten, hohe Verkabelungsfreiheit und Übertragungssicherheit gegen EMV (Möglicherweise LWL Einsatz)
• A/D und D/A Umwandlungsfunktion mit -10 V - +10 V Analogsignalen
• Minimal 4000 : 1 (12bit) Auflösung von Sensor- oder Aktorsignalen bei A/D und D/A Umwandlern
• Geringe Baugröße und Installationskosten der Systeme für Montagezellen mit Roboter
Signalzugriffsverfahren
• Deterministische Signalzugriffsverfahren für periodische Signale
• Ausreichende Übertragungsrate für verschiedene Sensor-, Aktorfrequenzen : - Signalabtastfrequenz (f_{abtast}) : 1 Hz ≤ f_{abtast} ≤ 1 kHz pro Sensor oder Aktor - Notwendige Nenndatenübertragungsraten (R_{not}) : 1 bit/s ≤R_{not} ≤ 24 kbit/s pro Sensor und Aktor - Niedrige Steuerbits im übertragenen Datenpaket oder Protokoll
• Höhere Signalübertragungseffizienz mit den für Montagesensoren und -Aktoren geeigneten Signalabtastprioritäten für unterschiedliche Signalbearbeitungsarten (echtzeitfordernd oder nicht echtzeitfordernd) und die Funktionen der Sensoren oder Aktoren (periodisch und aperiodisch)
• Leicht wechselbare Signalzugriffszykluszeiten für Systemänderungen
• Einfaches Kommunikationsprotokoll und geringere Installationskosten

Bild 3.6: Anforderungen an die Signalübertragung in der Montage

4 Konzeption eines Signalübertragungssystems und einer effizienten Schnittstelle für die E/A-Steuerung in Montagezellen

4.1 Randbedingungen der Systemkonzeption

Die Konzeption des Signalübertragungssystems und der Schnittstelle für die E/A-Steuerung wird von einer Reihe von Voraussetzungen beeinflußt, die durch die E/A-Steuerung in einer PC basierten Multi-Tasking-Umgebung, das Signalübertragungssystem und die geforderte Effizienzsteigerung in der Signalübertragung entstehen. In Bild 4.1 sind die wichtigsten Faktoren des Gesamtsystems zusammengefaßt.

E/A-Steuerung	Signalübertragungssystem	Effizienz der Signaübertragung
• Unterschiedliche Sensorsignalabtastung in den E/A-Steuerungen • Verbindung mit dem Signalübertragungssystem • Struktur des E/A -Steuerungen • Kommunikation zwischen mehreren E/A-Steuerungen	• Topologie des Übertragungssystems • Funktionsträger für den Signalabtastalgorithmus in der Systemstruktur • Übertragung unterschiedlicher Signale (periodisch, aperiodisch, echtzeitfordernd...) • Fehlerbehandlung, Datensicherung • Systemgröße für den Einsatz im Montageroboter	• Verbindungsart von E/A-Steuerung und Signal-übertragungssystem (Schnittstelle) • Menge und Arten der Signale des Montagesystems • Signalzugriffszeiten pro Sensor-, Aktorsystem

Bild 4.1: Einflußfaktoren auf die Konzeption eines Gesamtsystems

4.2 Konzeption des Gesamtsystems für die Montage

Um ein den Anforderungen in der Montage genügendes Steuerungssystem mit PC basierter Multi-Tasking-Funktion aufzubauen, müssen zwei Voraussetzungen berücksichtigt werden. Dies sind die Konfiguration des Signalübertragungssystems und die Verbindungen mit dem E/A-Steuerungssystem. Durch Kombination der beiden Komponenten, Signalübertragungssystem und E/A-Steuerung, können die Systemtopologien in der Montageautomatisierung gemäß den Anforderungen an die Systemtopologie (Bild 4.2) auf der Basis von drei unterschiedlichen Gesamtsystemtopologien aufgebaut werden.

Gesamtsystemstruktur / Eigenschaft	Signalübertragung mit Multi-Schnittstellen	Integrierte Signalübertragung	Signalübertragung mit Sensor/Aktorbus (Ring oder Bus)
Anzahl der Schnittstellen	hoch	niedrig	mittel
Flexibilität bei Systemgröße	niedrig	hoch	mittel
Übertragung verschiedener Signale	hoch	mittel	niedrig
Variabilität der Signalabtastungen	hoch	mittel	niedrig
Einsetzbarkeit der LWL	niedrig	hoch	mittel
Technischer Aufwand	sehr hoch	niedrig	mittel

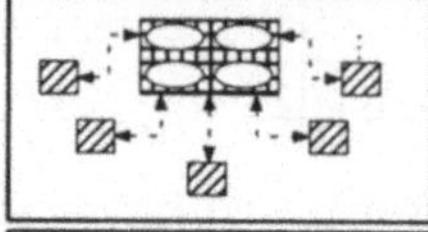

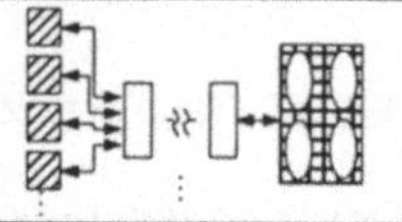

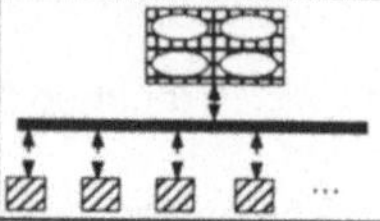

□ : Signalübertragungssystem
▨ : Peripheriemodul
⊞ : Industrie-PC mit Multi-Task Umgebung
⬭ : Mikroprozessor mit E/A-Steuerungstasks
- - → : Serielle Daten- oder Signalübertragungsleitung
—→ : Parallele Signalübertragungsleitung
▬ : Sensor/Aktorbus

Bild 4.2: Konfigurationskonzeptionen des Gesamtsystems

Beim Einsatz des Sensor/Aktorbussystems wird die Modularisierung des Montagesystems gut unterstützt /11/. Nachteilig bei dieser Struktur hingegen ist, daß jede Peripherie ein eigenes Kommunikationsmodul benötigt. Damit ist der technische Aufwand für kleine Montagesysteme hoch. Wenn das Sensor/Aktorbussystem eine längere Datenleitung hat, kommt hinzu, daß ein besonderer EMV-Schutz für jedes Peripheriemodul benötigt wird oder die Signalübertragungsraten langsamer werden müssen.

In der "Integrierten Signalübertragung" wird die Verfügbarkeit des Gesamtsystems für kleine oder große Montagesysteme von den Steuerungsperipheriemodulen in den Signalübertragungseinheiten flexibel kontrolliert. In dieser Topologie soll die Geschwindigkeit des Signalübertragungssystems hoch sein, um mehrere Signale von unterschiedlichen Montagesensoren bzw. -aktoren mit einer Datenleitung zu übertragen. Für die Montageroboter können zusätzlich die Kabelbäume, welche die Signale zu den Roboterwerkzeugen übertragen, durch LWL's, die auch in den Roboter selbst integriert werden können, ersetzt werden. Außerdem reduziert sich die Anzahl der Schnittstellen im Gesamtsystem gegenüber anderen Strukturen erheblich. In dieser Struktur werden die Peripherie und die Signalübertragungssysteme durch eine Leitung bzw. einen Kanal verbunden. Ein Kanal überträgt damit das Datenpaket einer Peripherie-Karte bzw. der zugehörigen Sensoren und Aktoren.

Für weitere Lösungskonzepte der Signalübertragungs- oder Signalabtastverfahren und der Hardwarestruktur der Schnittstelle für das Montagesystem wird unter Berücksichtigung der Randbedingungen aus den oben genannten Gründen das integrierte Signalübertragungssystem mit einer Schnittstelle ausgeführt.

4.3 Konzeption des Signalübertragungsverfahrens

In einem Montagesystem mit integriertem Signalübertragungssystem müssen hohe Signalübertragungsraten (mindestens 24 kbit/s pro Kanal) gewährleistet werden, da die Daten mehrerer Känale für Sensor- und Aktorsignale durch integrierte Datenleitungen zwischen den Übertragungssystemen, wie in Bild 4.2 gezeigt, transportiert werden. Um diese Struktur zu realisieren, werden Lösungskonzepte des Signalübertragungsverfahrens im Übertragungssystem und die Verbindungsmethode zwischen dem Übertragungssystem und dem E/A-Steuerungssystem, wie in Bild 4.3 dargestellt, vorbestimmt.

Im FDM-Signalzugriffsverfahren erfolgt die Datenübertragung in unterschiedlichen Frequenzbereichen aber unabhängig von der Übertragungszeit. Das bedeutet, daß gleichzeitig mehrere Datenblöcke mit unterschiedlicher Frequenz übertragen werden können. Das FDM-Signalzugriffsverfahren in der Schnittstelle hat einen hohen Leistungsgrad für periodische und aperiodische Signalübertragungen. Bei diesem Konzept ist die geforderte Hardware gekennzeichnet durch hohe Installationskosten und einen aufwendigen Systemaufbau bei kleinen Montagesystemen. Dieses bedeutet zugleich mangelnde Flexibilität, so daß das Konzept des FDM-Signalzugriffsverfahrens in der Schnittstelle, bedingt durch die auf große Montagesysteme begrenzte Einsatzfähigkeit, gewisse Nachteile beinhaltet. Die Verbindung mit der Schnittstelle kann mit Hilfe von Speichern oder Mikroprozessoren realisiert werden. In der Montage sind die Sensoren und Aktoren nur während des Signalflusses kurzzeitig aktiv. Die meiste Zeit verbleiben die Sensoren und Aktoren in Wartestellung. Verbindungsverfahren mit Speicher sind nicht geeignet für die Verbindung von den E/A-Steuerungen mit dem Signalübertragungssystem für die Montage, weil die E/A-Steuerungen nicht alle übertragenen Signale benötigen.

Das Konzept der Signalabtastung im Signalübertragungssystem weist im Vergleich zum FDM-Verfahren eine gute Effizienz der Signalübertragungen und damit wesentlich niedrigere Installationskosten auf. Der Einsatz des Abtastalgorithmus im

Übertragungssystem hat eine niedrigere Systemflexibilität und einen relativ hohen technischen Aufwand im Vergleich zu zyklischen Signalabtastungen im Übertragungssystem, weil für den Einsatz des Abtastalgorithmus mit Kanalpriorität jedes Signalübertragungssystems ein Mikroprozessor benötigt wird. Im Konzept der zyklischen Signalabtastungen im Signalübertragungssystem wird der Signalabtastalgorithmus an der Schnittstelle zu den E/A-Steuerungen eingesetzt, um die Übertragungseffizienz für Echtzeitforderungen der Sensoren und Aktoren und die Flexibilität zu erhöhen. Dieses Konzept kann im Vergleich zu den anderen Konzepten mit den niedrigsten Installationskosten aufgebaut werden, da die Übertragungssysteme keine Mikroprozessoren benötigen. Die periodischen oder aperiodischen Signale können mit einem Algorithmus abgetastet werden, der ihren Eigenschaften angepaßt ist.

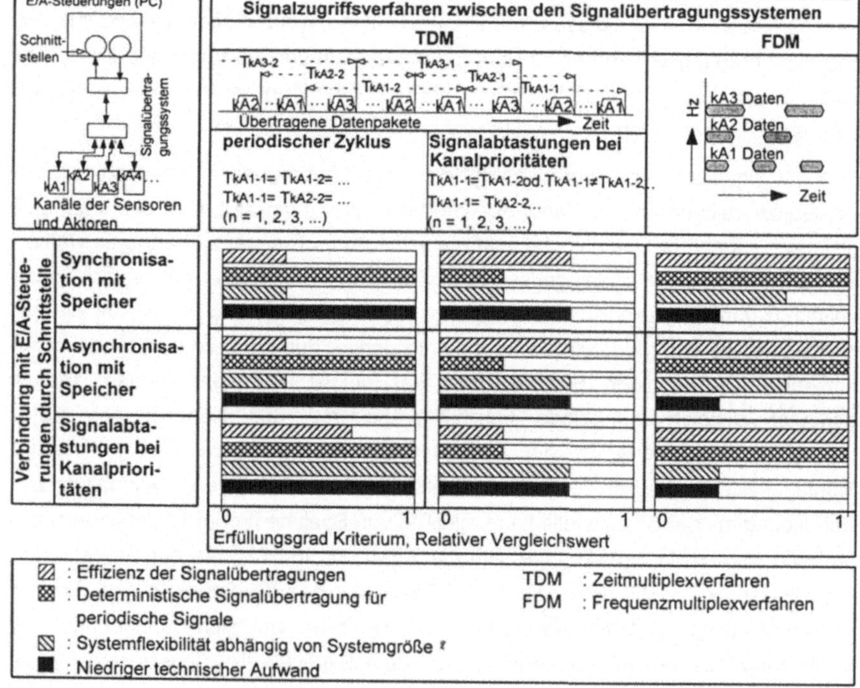

Bild 4.3: Lösungskonzept des Signalübertragungsverfahrens und der Systemarchitektur mit Schnittstelle

4.4 Konzeption des Signalabtastverfahrens

Die Effizienz der Signalübertragung kann durch die Signalabtastung in der Schnittstelle erhöht werden, da die übertragenen Signale in den E/A-Schnittstellen mit unterschiedlichen Abtastraten abgetastet werden können. Es wurde ein verbessertes Verfahren zur Abtastung der unterschiedlichen Kanalsignale in der Schnittstelle konzipiert. Zur Signalabtastung in der Schnittstelle können die in Bild 4.4 dargestellten Verfahren angewendet werden.

Die Signalabtastverfahren können grundsätzlich in Verfahren mit und ohne vorbestimmter Abtastreihenfolge unterteilt werden. Bei den Abtastverfahren ohne vorbestimmte Abtastreihenfolge werden die Signalabtastungen durch dynamische Vergleiche der Kanalprioritäten in einem Abtastzeitpunkt durchgeführt, ähnlich wie die CSMA-Methode im Kommunikationssystem. Bei diesem Verfahren können jedoch genaue Signalabtastzykluszeiten für periodische Signale nicht gewährleistet werden. Bei der Signalabtastung mit vorbestimmter Abtastreihenfolge kann eine höhere Abtastrate als beim Zufallsverfahren gewährleistet werden, da der Prioritätsvergleichsprozeß entfällt. Für diese Abtastverfahren eignen sich zwei Prinzipien, mit einem oder mit zwei getrennten Abtasttasks. Bei der Signalabtastung mit zwei getrennten Abtasttasks und Kanalnummerreihenfolgen für periodische Signale und aperiodische Signale können die unterschiedlichen Signalabtastungen die Echtzeitbedingung erreichen. Die Hardwarekosten für die Träger der zwei Abtasttasks sind hoch und die Systemflexibilität in bezug auf die Systemgröße oder die Anzahl der Sensoren und Aktoren ist niedriger als nur mit einem Abtasttask.

Bei den Signalabtastungen mit einer vorberechneten Abtastreihenfolge ist ein Schwerpunkt die montagegeeignete Kanalnummernreihenfolge. Um die Reihenfolge zu berechnen, sollen zwei Kanalnummerngruppen, für periodische und aperiodische Signale, aufgrund der Anforderungen der Sensor- und Aktorsignale für den Berechnungsprozeß unterschieden werden. Damit kann die Grundpriorität jedes Kanals über die geforderte Geschwindigkeit bestimmt werden. Es werden zwei Kanalnummerngruppen als Zwei-Stufen-Prioritäten angewendet. Bei der Reihenfolgenberechnung mit Zwei-Stufen-Prioritäten kann die nach den Signaleigenschaften orientierte Abtastreihenfolge für jeden Kanal bestimmt werden.

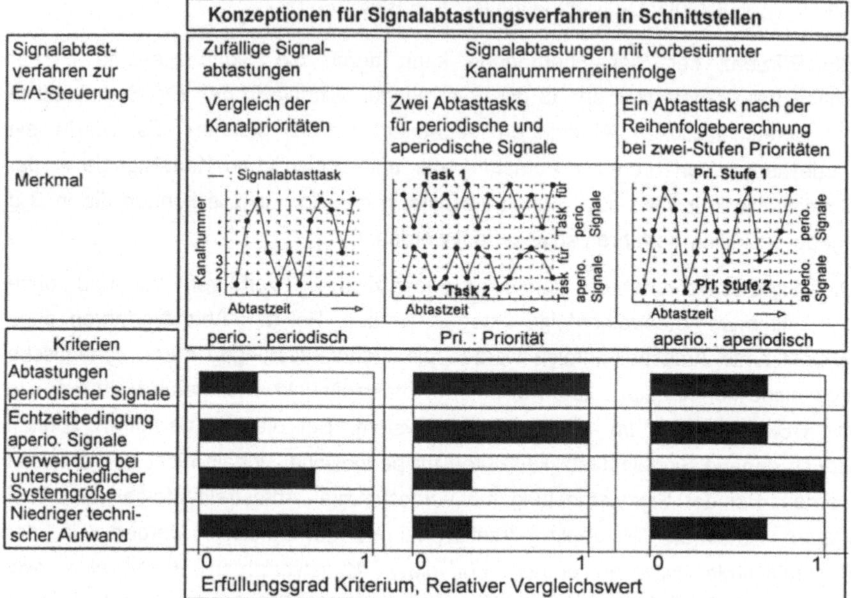

Bild 4.4: Alternative Konzepte für die Signalabtastverfahren in der E/A-Schnittstelle

4.5 Varianten der Hardwarestruktur und -komponenten für die E/A-Schnittstelle

Als Funktionsträger des Abtastverfahrens für die übertragenen Signale wird eine Hardwarekomponente für die Schnittstelle benötigt. Die möglichen Hardwarestrukturen für die E/A-Schnittstelle werden in Bild 4.5 dargestellt.

Die E/A-Schnittstelle verbindet das Signalübertragungssystem mit den E/A-Steuerungen und beinhaltet im Gesamtsystem zwei wichtige Funktionen. Zum einen werden die übertragenen Signale mit unterschiedlichen Abtastraten abgetastet und zum anderen wird die Signalverteilung zur geeigneten E/A-Steuerung durchgeführt. Damit wird die Effizienz der Signalübertragung und der E/A-Steuerung im Gesamtsystem durch die Leistung und Struktur der Schnittstellen bestimmt.

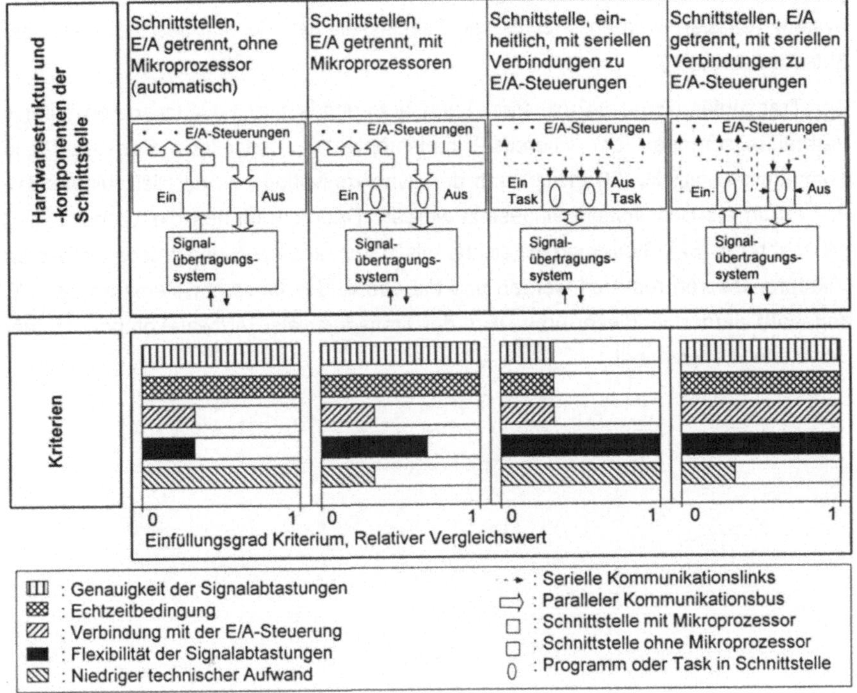

Bild 4.5: Lösungskonzepte der Hardwarestruktur für die E/A-Schnittstelle

Grundsätzlich kann zwischen Schnittstellen mit und ohne CPU-System unterschieden werden, wobei sich mit CPU-Systemen drei Schnittstellenarten aufbauen lassen. In der einheitlichen Schnittstelle mit seriellen Verbindungen zu den E/A-Steuerungen können parallel zwei Signalabtasttasks für den Ein- und Ausgang in eine Schnittstelle gleichzeitig abgearbeitet werden. Genaue Abtastzeiten werden nicht gewährleistet, da eine Zeitverschiebung zwischen parallelen Tasks existiert. In den in Ein/Ausgang getrennten Schnittstellen mit seriellen Verbindungen zu den E/A-Steuerungen sind die Abtastzykluszeiten exakter und schneller als bei einer einheitlichen Schnittstelle. Die beiden Schnittstellen werden mit den E/A-Steuerungen durch serielle Kommunikationslinks verbunden. Als Schnittstelle kann ein Mikroprozessorsystem eingesetzt werden. Die zwei parallelen Datenbusse werden bei dieser Schnittstelle zur Verbindung mit dem Signalübertragungssystem und den E/A-Steuerungen benötigt, so daß diese Schnittstelle aufgrund der Steuerungen der beiden Bussysteme Nachteile beinhaltet. Mit Speicher und logischen Bauteilen kann der Signalabtasttask in einer Schnittstelle ohne CPU-System realisiert werden. Bei dieser Schnittstelle ist die Auswechselbarkeit der Abtasttasks niedrig.

Der Transputer (Parallel-Prozessor) kann aufgrund seiner Leistungsdaten, seines Verbreitungsgrades der bereits implementierten seriellen Punkt-zu-Punkt Kommunikationslinks (20 Mbit/s) und der Synchronisation von parallel ablaufenden Prozessen als Schnittstelle eingesetzt werden. Dadurch können die Verbindungen mit mehreren E/A-Steuerungen leichter als durch andere Signalprozessoren oder Mikroprozessoren realisiert werden und die Größe des Gesamtsystems an den PC angepaßt werden. In dieser Arbeit wird der Transputer als Hardwarekomponente der Schnittstelle angewandt.

5 Entwicklung eines Signalabtastalgorithmus nach dem Zwei-Stufen - Prioritätsprinzip und Untersuchung der Transputerschnittstelle mit Transputer-E/A-Steuerungen

Mit dem ausgewählten integrierten Signalübertragungssystem wird die Effizienz der Signalübertragung und des Abtastverfahrens erhöht, da die übertragenen Kanalsignale je nach Eigenschaften mit unterschiedlichen Raten abgetastet werden. Die Schnittstelle muß eine vorbestimmte Abtastreihenfolge (Kanalnummernreihenfolge) haben und eine Signalabtast- und Datenübergangstask zwischen den E/A-Steuerungen durchführen. Die Verbindungen zwischen dem Signalübertragungssystem und den E/A-Steuerungen durch die Schnittstelle werden in Bild 5.1 dargestellt.

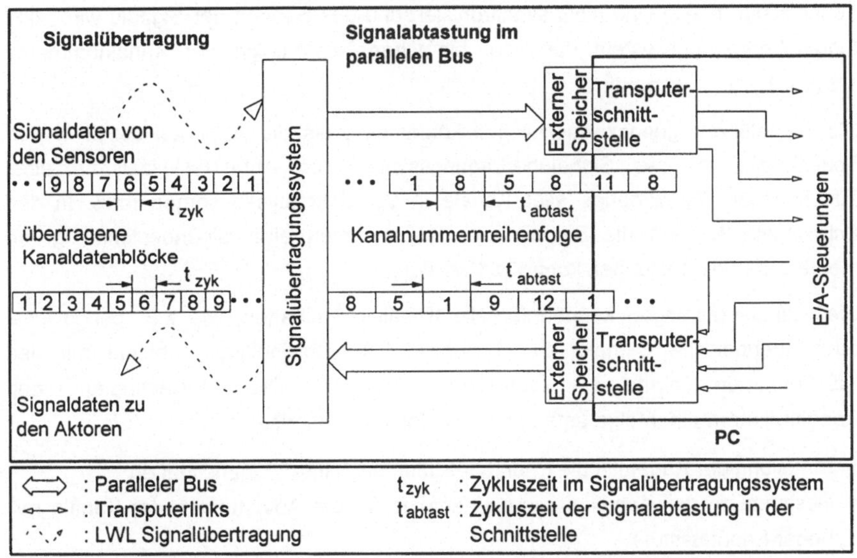

Bild 5.1: Verbindungen zwischen dem Signalübertragungssystem und dem E/A-Steuerungssystem durch Transputerschnittstellen

Im Signalübertragungssystem werden die Kanalsignale seriell im Kanalnummernzyklus übertragen. Die Kanalsignale von den Sensoren werden über die Transputerschnittstellen mit Hilfe der Signalabtastung zur E/A-Montagesteuerung in den PC weitergegeben. Für die Aktoren im Montagesystem sind keine genauen Signalabtastungen der E/A-Steuerungen in der Transputerschnittstelle gefordert.

Darum können die Signalabtastungen von den E/A-Steuerungen zum Signalübertragungssystem ohne Bestimmung der Abtastreihenfolge und ohne Prioritätenvorgabe durch die Interruptsteuerung erfolgen.

5.1 Sensor- und Aktorsignal-geeignete Signalabtastungen in der Transputerschnittstelle

Die Transputerschnittstelle tastet in einer Abtastzykluszeit (t_{abtast}) jeweils ein Kanalsignal aus der Menge der übertragenen Signale ab, da so die genaue Abtastzeit für alle Kanäle gewährleistet werden kann und keine Zeitverschiebungen zwischen parallelen Tasks in der Transputerschnittstelle auftreten. Die abgetasteten Signaldaten werden zu den E/A-Steuerungen gesendet. Die Zykluszeiten des Signalübertragungssystems (t_{zyk}) und die Zykluszeiten der Abtastung in der Schnittstelle (t_{abtast}) sind nicht synchronisiert und das Senden der Signale wird vom Signalübertragungssystem mit einer einfachen Reihenfolge der Kanalnummern, 1,2,3,...,1,2,3,.., ausgeführt.

Die Signalübertragungszykluszeit soll kürzer sein als die Abtastzykluszeit in der Schnittstelle, da das Signalübertragungssystem pro Abtastzykluszeit für eine ausreichende Signalmenge aller Kanäle in der Schnittstelle sorgen muß. In der Schnittstelle können die Signale zur Kanalnummernreihenfolgenbestimmung für mehrere Kanalabtastungen kontrolliert werden.

Die Signalabtastungen können für alle Kanaleigenschaften, wie z.B. periodische oder aperiodische Signale, Funktionen und Geschwindigkeit, optimal mit der Kanalnummernreihenfolge kontrolliert werden. Die Berechnung der Kanalnummernreihenfolge unterteilt sich in folgende Schritte:

- Einteilung der Kanäle in die Prioritäts-Stufen nach ihren Eigenschaften
- Bestimmung der Kanalnummernreihenfolge für die Abtastungen der Kanäle mit hoher Prioritätsstufe
- Bestimmung der Kanalnummernreihenfolge für die Abtastungen der Kanäle der niedrigen Prioritäts-Stufe

Bei der Bestimmung der Abtastzykluszeiten (t_{abtast}) kann die Abtastmenge pro Kanal in der Gesamtzykluszeit mit Hilfe der Eigenschaften der Kanäle berechnet werden. Mit dieser Abtastmenge wird für jeden Kanal die Abtastreihenfolge für die Gesamtzykluszeit berechnet. Für die Berechnung werden die Prioritätsstufen für alle Signale über die Kanalsignaleigenschaften vorbestimmt. Es erfolgt eine Einteilung in eine hohe und eine niedrige Prioritätsstufe. Anschließend wird die Reihenfolge in der Prioritätsstufe berechnet.

5.1.1 Bestimmung der Kanalprioritätsstufen

Die Zuordnung der Kanalnummern in der Abtastreihenfolge ist eine wichtige Aufgabe für das integrierte Signalübertragungssystem, da die Effizienz des Systems durch eine montagegeeignete Abtastreihenfolge der Kanalnummern in der Schnittstelle zu den E/A-Steuerungen verbessert werden kann. Der Zyklus der Kanalnummernreihenfolge muß die Voraussetzungen nach Bild 5.2 erfüllen und die eingesetzten Kanäle können, wie in Bild 5.2 gezeigt, in zwei Prioritätsstufen eingeteilt werden.

In der Prioritätsstufe 1 werden die Entscheidungssignalkanäle im µs-Bereich der Abtastzykluszeit, der Notauskanal und die Meßsignalkanäle eingeordnet. Prioritätsstufe 2 erhalten die Entscheidungskanäle mit Echtzeitanforderung im ms-Bereich sowie die Kanäle ohne Echtzeitanforderung.

Um die optimale Kanalnummernreihenfolge zu berechnen, müssen die genaue Abtastzykluszeit und die geforderte Geschwindigkeit für die eingesetzten Signale gewährleistet werden.

Alle aktiven Kanalnummern (N_{gesamt}) werden in die zwei Kanalnummern-Gruppen (N_{k1} und N_{k2}) aufgeteilt, wie in Gl. 5.1 dargestellt.

$$\{N_{gesamt}\} = \{n \mid 1, 2, 3, \cdots, n\} = \{\{N_{k1}\} \cup \{N_{k2}\}\} \quad (5.1)$$

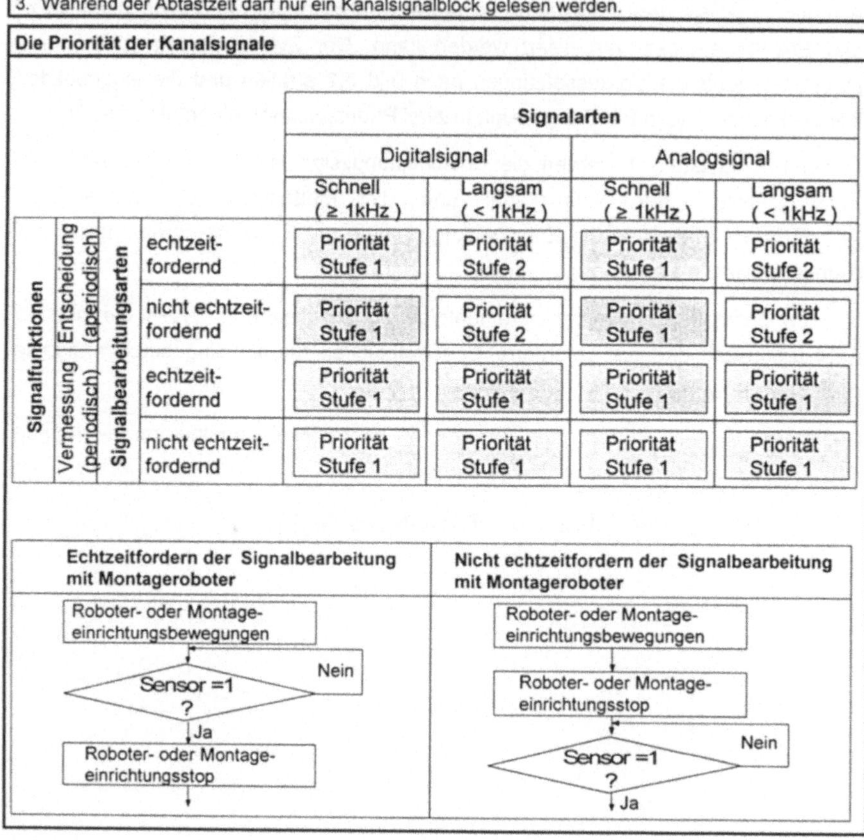

Voraussetzungen für die Berechnung der Abtastreihenfolge in der Montage
1. Die Zykluszeiten der Kanalarten, wie z.B. Meßsignalkanäle, sollen genau sein
2. Die gesamte Abtastzykluszeit für jeden Kanal soll durch die Wiederholung der Abtastreihenfolge nicht auswechselbar sein.
3. Während der Abtastzeit darf nur ein Kanalsignalblock gelesen werden.

Die Priorität der Kanalsignale

			Signalarten			
			Digitalsignal		Analogsignal	
Signalfunktionen		Signalbearbeitungsarten	Schnell (≥ 1kHz)	Langsam (< 1kHz)	Schnell (≥ 1kHz)	Langsam (< 1kHz)
	Entscheidung (aperiodisch)	echtzeit-fordernd	Priorität Stufe 1	Priorität Stufe 2	Priorität Stufe 1	Priorität Stufe 2
	Entscheidung (aperiodisch)	nicht echtzeit-fordernd	Priorität Stufe 1	Priorität Stufe 2	Priorität Stufe 1	Priorität Stufe 2
	Vermessung (periodisch)	echtzeit-fordernd	Priorität Stufe 1	Priorität Stufe 1	Priorität Stufe 1	Priorität Stufe 1
	Vermessung (periodisch)	nicht echtzeit-fordernd	Priorität Stufe 1	Priorität Stufe 1	Priorität Stufe 1	Priorität Stufe 1

Bild 5.2: Voraussetzungen und Festlegung der Prioritäten für die Berechnung der Abtastreihenfolge der Kanalsignale im Lesetransputer

Eine zyklische Kanalnummernreihenfolge ist in Gl. 5.2 als arithmetische Progression a_m dargestellt. Die gesamte Abtastmenge ($H_{abtast,gesamt}$) mit der längsten Abtastzykluszeit aller Kanalsignale wird als Norm bestimmt.

$$a_m \in \{ N_{gesamt} \}, \quad m = 1, 2, 3, \cdots, H_{abtast,gesamt} \tag{5.2}$$

In Gl. 5.2 muß jede a_m durch die Reihenfolgeberechnung der Kanalnummern der zwei Prioritätsstufen ($N_{k1,2}$) erfüllt werden.

5.1.2 Bestimmung der Prioritätsstufe-1-Kanalnummernreihenfolge in der gesamten Abtastreihenfolge

Für die Kanalnummern der Prioritätsstufe 1 muß die Abtastreihenfolge mit der genauen Abtastfrequenz für jeden Kanal ausgebildet werden, da die Reihenfolge der Kanäle mit den Meßsignalen und schnellen Signalen berechnet wird.

Die Berechnung bedeutet eine periodische Einsetzung der Kanalnummern in a_m. Der Berechnungsprozeß wird in einer Folge durchgeführt. Dafür wird die Berechnungsfolge (k1 : 1, 2, ···, k1) über die Größe der Anzahl der Abtastungen (H_N) pro Kanal in einer gesamten Zykluszeit bestimmt. Die Folge wird wie in Gl. 5.3 als eine Gruppe (G) der Kanalnummern in der Prioritätsstufe 1 dargestellt.

$$G = \{H_{N_{k1}} \leq H_{N_{k1-1}} \mid N_1, N_2, N_3, \cdots, N_{k1}\} \tag{5.3}$$

In Gl. 5.3 stellt N_{k1} eine Kanalnummer der Kanäle in Prioritätsstufe 1 dar. Die Abtastfrequenzen für jeden Kanal in Prioritätsstufe 1 können durch eine arithmetische Progression, in der a_m mit gleicher Differenz existiert, dargestellt werden. Die Folge des Berechnungsprozesses der Progressionen wird in Gl. 5.4 bis 5.9 gezeigt.

Berechnung für Kanal N_1:

$$H_{N_1} \in \{\text{ Divisoren der } H_{abtast,gesamt} \} \tag{5.4}$$

$$\begin{aligned} a_m &= a_{0,N_1} + (m_1 - 1) \cdot D_{N_1} = N_1 \\ a_{0,N_1} &= D_{N_1},\ m_1 = 1, 2, \cdots, H_{N_1} \end{aligned} \tag{5.5}$$

$$D_{N_1} = \frac{H_{abtast,gesamt}}{H_{N_1}} \tag{5.6}$$

$$\vdots$$

Berechnung für Kanal N_{k1}:

$$H_{N_{k1}} \in \{\text{ Divisoren der } (H_{abtast,gesamt} - \sum_{i=1}^{k1-1} H_{N_i}) \} \tag{5.7}$$

$$a_m = a_{0,N_{k1}} + (m_{k1} - 1) \cdot D_{N_{k1}} = N_{k1}$$
$$m_{k1} = 1,\ 2,\ \cdots,\ H_{N_{k1}}$$
$$a_{0,N_{k1}} \in \{\ \{1,\ 2,\ \cdots,\ D_{N_{k1}}\} \setminus \{\{a_{0,N_1} \cdot B_1\},\ \cdots,\ \{a_{0,N_{k1-1}} \cdot B_{k1-1}\}\}\ \} \tag{5.8}$$
$$B_i = \{B_i \in R \mid 1,\ 2,\ \cdots,\ (\frac{D_{N_{k1}}}{D_{N_i}} + 1)\}\ ,\ i = 1,\ 2,\ \cdots,\ (k1-1)$$

$$D_{N_{k1}} = \frac{H_{abtast,gesamt}}{H_{N_{k1}}} \tag{5.9}$$

Um im Berechnungsprozeß die Voraussetzungen 1 und 2 (Bild 5.2) zu erfüllen, werden die Operationen in Gl. 5.6 und 5.9 mit ganzen Zahlen durchgeführt. Durch Gl. 5.7 wird die mögliche Abtastmenge $H_{N_{k1}}$ für die Kanäle in Priorität 1 begrenzt. Durch die arithmetische Progression mit den Kanalnummern der Priorität 1 wird ein Teil der Abtastreihenfolge (1, 2, ⋯, $H_{abtast,gesamt}$) für die Kanalnummernreihenfolge mit der Erfüllung der Voraussetzungen 1 ... 3 bearbeitet. Der Berechnungsprozeß für die Kanalnummernreihenfolge in Prioritätsstufe 1 ist in Bild 5.3 beispielhaft gezeigt.

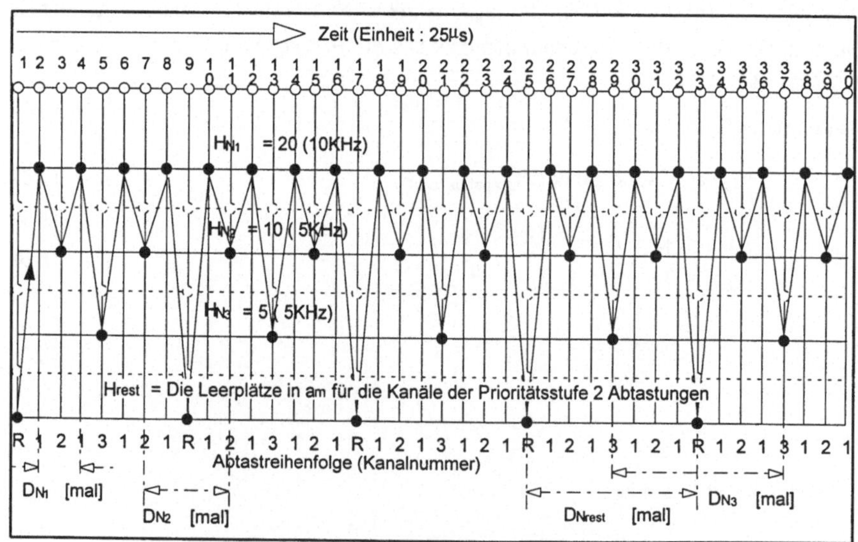

Bild 5.3: Ein Beispiel der Reihenfolgebestimmung für die Kanäle mit der Prioritätsstufe 1

Durch diese Berechnung haben alle Kanäle in der Priorität 1 einen festgelegten Abtastzyklus. Die Leerplätze (R) für die Prioritätsstufe-2-Kanalnummern werden in a_m nicht periodisch disponiert, da bei der Disposition der Prioritätsstufe-2-Kanalnummern in a_m keine genauen Abtastzykluszeiten gewährleistet werden müssen. Die Anzahl der Abtastungen (H_{rest}) der Prioritätsstufe 2 Kanäle in a_m ist in Gl. 5.10 gezeigt.

$$H_{rest} = H_{abtast,gesamt} - (\sum_{i=1}^{k1} H_{N_i}) \tag{5.10}$$

5.1.3 Bestimmung der Prioritätsstufe-2-Kanalnummernreihenfolge in der gesamten Abtastreihenfolge

Für die Entscheidungssignale in der Montage werden keine genauen Abtastzykluszeiten benötigt, es muß ausschließlich eine minimale Zykluszeit gewährleistet werden.

Die Abtastmenge (H_{rest}) für die gesamten Kanäle in Prioritätsstufe 2 wird, wie in Gl. 5.11 gezeigt, mit der Anzahl (k2) aller Kanäle in Prioritätsstufe 2 dargestellt.

$$H_{rest} = \sum_{i=1}^{k2} H_{N_i} \tag{5.11}$$

Hierbei ist $H_{N_{k2}}$ die Abtastmenge für alle Prioritätsstufe-2 Kanäle. In dieser Prioritätsstufe ist die geforderte Abtastmenge ($H'_{N_{k2}}$) nicht immer identisch mit der berechneten Abtastmenge $H_{N_{k2}}$. Die Abtastmenge $H_{N_{k2}}$ kann über die Signalbearbeitungsarten optimiert werden. Die Kanäle der Prioritätsstufe 2 werden aus den Entscheidungskanälen gebildet. Die Abtastmenge der Kanäle in der Prioritätsstufe 2 wird durch die beiden Gleichungen 5.12 und 5.13 optimiert.

$$F = H_{rest} - \sum_{i=1}^{k2} H'_{N_{k2}} \tag{5.12}$$

$$H_{N_{k2}} = H'_{N_{k2}} + (F \cdot \frac{Q_{N_{k2}}}{\sum_{i=1}^{k2} Q_{N_i}}) \tag{5.13}$$

$k2 = 1, 2, \cdots, k2,$ $Q_{N_{k2}}$: Gewichtungsfaktor

In Gl. 5.13 kann der Gewichtungsfaktor ($Q_{N_{k2}}$) für jeden echtzeitfordernden oder nicht echtzeitfordernden Kanal je nach Anwendungsfall vordefiniert werden.

Um die Abtastreihenfolge mit der abgestimmten Abtastmenge für jeden Kanal zu berechnen, wird ein geeigneter Algorithmus benötigt, da in der Prioritätsstufe 2 mehrere Kanäle mit unterschiedlicher Abtastmenge vorhanden sein können, und die Leerplätze in a_m für die Kanäle der Prioritätsstufe 2 nicht periodisch disponiert werden. Mit dem Algorithmus werden die Abtastzykluszeiten für jeden Kanal mit relativ periodischen Abtastzykluszeiten berechnet. Deshalb können die Abtastungen nicht als Progressionen für jeden Kanal dargestellt werden. Jede Abtastreihenfolge kann durch einen arithmetischen Vergleich (Auswahlverfahren /31/ oder Voting Methods /32/ für "Decision Making") zwischen den relativen Wahrscheinlichkeitswerten der Abtastmengen der Kanäle berechnet werden.

Die Abtastreihenfolge in Priorität 2 kann als eine Kanalnummernreihenfolge (b_r) wie in Gl. 5.14 dargestellt werden.

$$b_r \in \{ N_{k2} \}, \qquad r = 1, 2, 3, \dots, H_{rest} \tag{5.14}$$

Um eine Kanalnummer für jeden H_{rest}-Platz in b_r zu bestimmen, werden die Wahrscheinlichkeitswerte von allen Kanälen in der Prioritätsstufe 2 verglichen. Dafür werden der Wahrscheinlichkeitswert (P) und der relative Vergleichsfaktor (G_{k2}) für jeden Kanal in jedem Abtastplatz benutzt. Die Berechnungsprozesse werden nach Gl. 5.15, 16 und 17 durchgeführt. Als Anfangswert für die Faktoren G_{k2} wird 1 vorgegeben.

$$\begin{aligned} & b_1 = \text{Kanalnummer } M \; (M \in \{ N_{k2} \}) \\ & M = \text{ Kanalnummer mit Maximalwert W von} \\ & \quad \{ W_{1,N_1}, W_{1,N_2}, \dots, W_{1,N_{k2}} \} \end{aligned} \tag{5.15}$$

$$\vdots$$

$$\begin{aligned} & b_{H_{rest}} = \text{Kanalnummer } M \; (M \in \{ N_{k2} \}) \\ & M = \text{ Kanalnummer mit Maximalwert W von} \\ & \quad \{ W_{H_{rest},N_1}, W_{H_{rest},N_2}, \dots, W_{H_{rest},N_{k2}} \} \end{aligned} \tag{5.16}$$

Die W-Werte (relativer Eigenwert der Reihenfolgenberechnung mit Prioritätsstufen 2) werden nach Gl. 5.17 gerechnet.

$$\begin{aligned} & W_r = (H_{rest} - j) P_{H_{N_{k2}}} \cdot \frac{1}{G_{k2}} \\ & j = 0, 1, 2, \cdots, (H_{rest} - 1), \qquad k2 = 1, 2, \dots, k2 \end{aligned} \tag{5.17}$$

In Gl. 5.17 bedeutet der Faktor j die Anzahl der Wiederholungen von Gl. 5.15 oder 5.16 bei der Reihenfolgenbestimmung in Prioritätsstufe 2. In einem Berechnungsprozeß wird ein Abtastplatz der Kanalnummer M mit dem größten Wert $W_{H_{rest}, N_{k2}}$ erfüllt, danach werden die H_{N_M} und G_M vor dem nächsten $W_{H_{rest}, N_{k2}}$ - Vergleich wie in Gl. 5.18 berechnet.

$$H_{N_M} = H_{N_M} - 1\,, \qquad G_M = G_M + 1 \tag{5.18}$$

In Gl. 5.17 stellen die $W_{H_{rest}, N_{k2}}$ eine relative Wahrscheinlichkeit für die Abtastung dar. In einer Abtastreihenfolge in Prioritätsstufe 2 ($\{1, 2, \cdots, H_{rest}\}$) kann eine Kanalnummer mit dem Maximalwert $W_{H_{rest}, N_{k2}}$ von mehreren relativen Wahrscheinlichkeitswerten (k2 mal) bestimmt werden. Sobald der H_{N_M}-Wert einer Kanalnummer während des Berechnungsprozesses Null wird, werden für diesen Kanal keine weiteren Vergleiche durchgeführt.

Durch diese Prozesse werden die Abtastzykluszeiten für die Kanäle in Prioritätsstufe 2 nicht genau bestimmt, sondern als ähnliche oder schnellere Frequenzen von den geforderten Abtastfrequenzen für die Entscheidungskanäle vorgegeben. Die gesamte Abtastreihenfolge b_r wird in a_m disponiert. Dadurch wird a_m vollständig mit Kanalnummern der Prioritätsstufen1 und 2 erfüllt.

Der gesamte Prozeß der Reihenfolgebestimmung der Prioritätsstufen 1 und 2 ist in Bild 5.4 gezeigt. Dieser Prozeß wird im Steuerungstransputer vor den Montagesteuerungs- und Abtastprogrammen durchgeführt. Danach wird die Kanalnummernreihenfolge über den Transputerlink zum Lesetransputer übertragen.

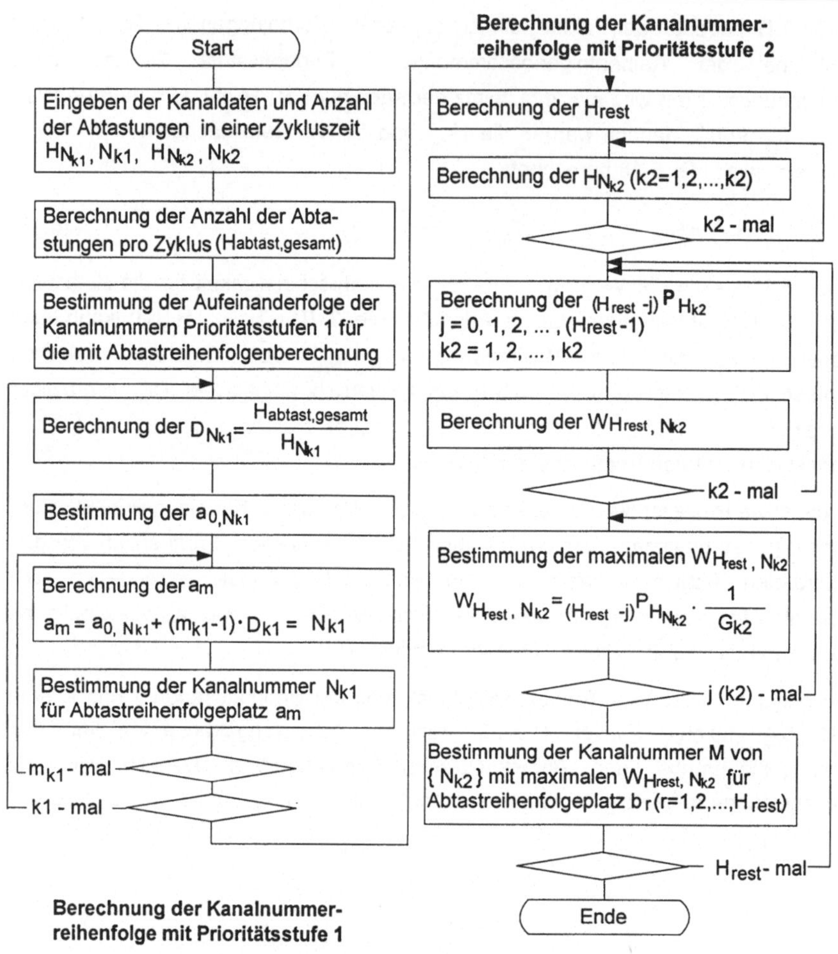

Bild 5.4: Berechnungsprozeß für die Kanalnummernreihenfolge in den Prioritäten 1 und 2

5.2 Untersuchung der Transputerschnittstelle mit Transputer-E/A-Steuerungen

Ziel der Untersuchungen ist die Ermittlung der Abtastzykluszeit in der Transputerschnittstelle und der Datentransferzeit von der Schnittstelle zum E/A-Steuerungssystem. Hieraus können die Begrenzungen der Systemparameter für einen Sensor- und Aktorsignal-geeigneten Softwareaufbau der Signalabtasttasks der

Schnittstellen und des E/A-Steuerungssystems mit dem Transputer festgelegt werden. Dadurch wird die Gültigkeit der Transputerschnittstelle als Funktionsträger für die Abtastreihenfolge überprüft.

Um die unterschiedlichen Signaldaten im Signalübertragungssystem durch die Transputerschnittstelle ins E/A-Steuerungssystem mit PC einzugeben, zu verteilen, zu verarbeiten und auszugeben, müssen die Signaldaten in der Schnittstelle oder im Signalübertragungssystem mehrere Verarbeitungsstufen durchlaufen. Exemplarisch wird ein integriertes Transputersystem für die Transputerschnittstelle und die Montage-E/A-Steuerungen eingesetzt und untersucht. Das Transputersystem benötigt kein weiteres Kommunikationssystem für die Verbindung zwischen der Schnittstelle und den E/A-Steuerungen. Wie aus Bild 5.5 zu ersehen ist, werden die Transputerschnittstellen und das E/A-Steuerungssystem in einem Transputersystem wie folgt unterteilt:

- Lesetransputerschnittstelle
- E/A-Steuertransputer
- Schreibtransputerschnittstelle

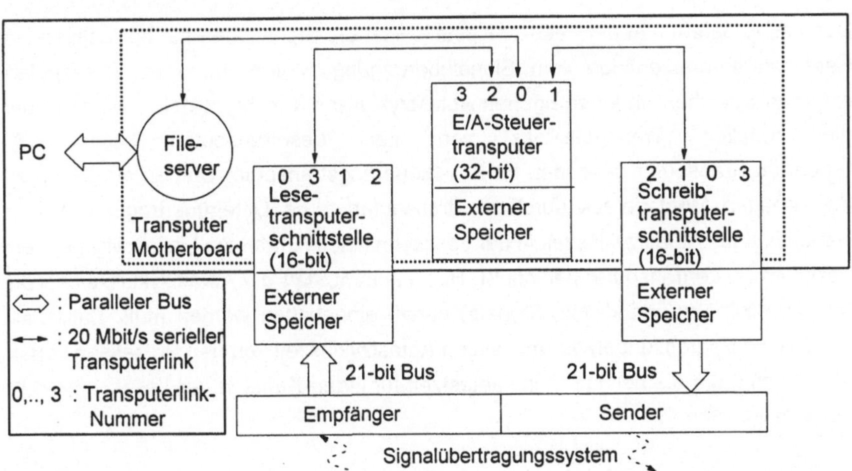

Bild 5.5: Die Struktur des Montage-E/A-Steuerungssystems mit Transputer

Wie in Bild 5.5 gezeigt, werden die Signaldaten von der Leseschnittstelle über das Empfängermodul ins Signalübertragungssystem gelesen und vom Schreibtransputer über das Sendermodul ins Signalübertragungssystem gesendet. Bei diesem Prozeß gibt es mehrere Faktoren für den Aufbau des Systems, z.B. minimale Abtastzykluszeit, Softwarestruktur, ..., die in diesem Abschnitt ermittelt werden.

5.2.1 Systemarchitektur für die Simulation der Abtastzykluszeit in der Leseschnittstelle und den E/A-Steuerungen mit Transputersystem

In dem Transputersystem für die Schnittstellen und Montage-E/A-Steuerungen werden die Signaldaten von mehreren Kanälen durch eine Schnittstelle über serielle Transputerlinks zu den E/A-Steuerungen übertragen. Die Softwarestruktur von Transputerschnittstelle und E/A-Steuerungstransputer für das Abtasten der Kanaldaten und die Verteilung der abzutastenden Daten zu den Montage-E/A-steuerungstasks soll ermittelt und entwickelt werden. Die Gültigkeit und die Grenzwerte der Signalabtastung in der Transputerschnittstelle und den E/A-Steuerungen werden durch Art und Anzahl der Transputerschnittstellen und E/A-Steuerungen bestimmt. Dafür werden exemplarisch 16 bit-Transputer als Lese- und Schreibschnittstellen und 32 bit-Transputer als E/A-Steuerungen eingesetzt und untersucht. Die Softwarestruktur der Schnittstellen und E/A-Steuerungen im Transputersystem stellt sich wie in Bild 5.6 gezeigt dar.

Das Leseprogramm in der Leseschnittstelle liest die Signaldaten mit der optimierten Kanalnummernreihenfolge vom Signalübertragungssystem durch den transputerexternen Speicher mit einer eigenen Abtastzykluszeit. Die Signaldaten werden über die seriellen Transputerlinks von den Lesetransputern zum E/A-Steuerungstransputer gesendet. Im E/A-Steuerungstransputer werden die Daten zu der richtigen Montagetask durch die transputerinterne Datenübertragung verteilt. Daher wird die Abtastzykluszeit in der Leseschnittstelle durch die Links zwischen den Tasks im Steuertransputer beeinflußt. Hinzu kommt, daß die Abtastzykluszeit für die Meßdatenkanäle (periodische Signale) genau eingehalten werden muß. Zusätzlich werden die Begrenzungen der minimalen Abtastzykluszeit von den Prozessen vorher abgestimmt, um die richtige Signalabtastzeit für jeden Kanal in der Leseschnittstelle zu gewährleisten.

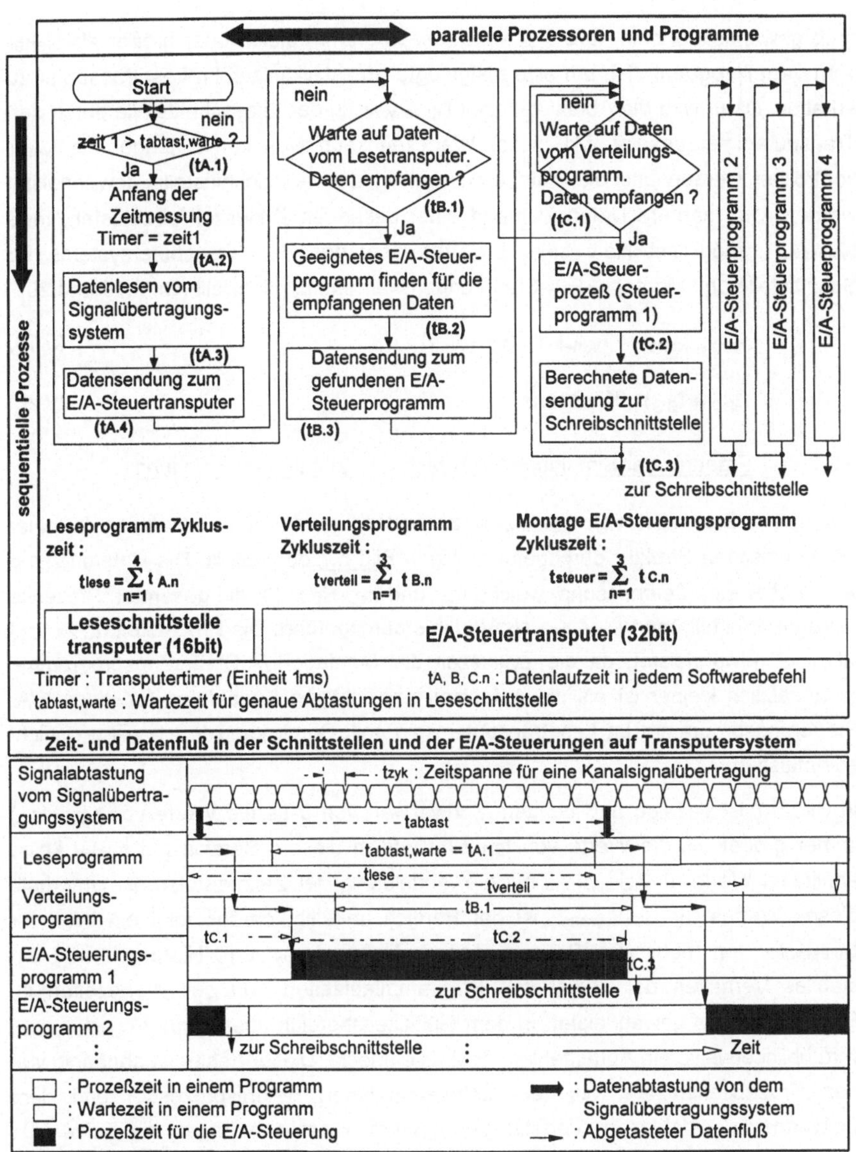

$$t_{lese} = \sum_{n=1}^{4} t_{A.n} \qquad t_{verteil} = \sum_{n=1}^{3} t_{B.n} \qquad t_{steuer} = \sum_{n=1}^{3} t_{C.n}$$

Bild 5.6: Datenfluß-Diagramm für die Signalabtastung im Transputersystem

Die drei Zykluszeiten (t_{lese}, $t_{verteil}$, t_{steuer}) in Bild 5.6 beeinflussen sich durch die abgetasteten Kanaldatenübertragungen zwischen den Tasks gegenseitig. Deshalb muß gewährleistet sein, daß t_{lese} vom Leseprogramm gleich oder größer als $t_{verteil}$ vom Verteilprogramm ist, um eine festgelegte Abtastzykluszeit im Lesetransputer zu erhalten. Dafür wird die Abtastwartezeit $t_{abtast,warte}$ in der Leseschnittstelle durch den Transputertimer gesetzt. Mit dieser Wartezeit kann t_{lese} immer länger als $t_{verteil}$ kontrolliert werden und die Abtastzykluszeit in der Leseschnittstelle gewährleistet werden. Um mehrere Daten während einer gesamten Zykluszeit abzutasten, muß $t_{abtast,warte}$ möglichst klein sein. Die Anforderungen des Transputersystems für Schnittstelle und Montage- E/A-Steuerungen werden hiermit erfüllt (Gl. 5.19 und 20).

$$t_{abtast,warte} \approx t_{verteil} \geq (t_{B.2} + t_{B.3}) \qquad (5.19)$$

$$(t_{B.2} + t_{B.3}) = \text{Konstant} \qquad (5.20)$$

5.2.2 Ergebnis der Simulation für Abtastzykluszeit und -abweichung

Um einen Grenzwert von $t_{abtast,warte}$ zu finden, wurde eine Simulation in einer exemplarischen Struktur durchgeführt, wie in Bild 5.7 dargestellt. Die Untersuchung wurde über eine Zeitmessung, welche $t_{B.1}$ und $(t_{B.2}+t_{B.3})$ für die gesamten Prozesse getrennt ermittelt, mit $t_{abtast,warte}$ als Variable durchgeführt. Die Prozeßzeit $(t_{C.2}+ t_{C.3})$ ist nicht gewährleistet, da die Zykluszeit der Montage-E/A-Steuerungsprogramme grundsätzlich kleiner ist als die Abtastzeit der richtigen Kanaldaten für jedes E/A-Steuerungsprogramm im Lesetransputer sein soll. Somit kann $t_{C.3}$ $t_{abtast,warte}$ nicht beeinflussen.

In Bild 5.7 ist gezeigt, daß bis zum Schwellwert von 8 μs die Werte von $(t_{B.2}+t_{B.3})$ immer größer als die Werte von $t_{B.1}$ sind und in diesem Bereich hat $t_{verteil}$ keine ähnlichen Werte für $t_{abtast,warte}$ mit Gewährleistung der Zeitmeßtoleranz. Unterhalb dieses Wertes für $t_{abtast,warte}$ ist der Bereich ungültig, daraus folgt ein Wert für $t_{abtast,warte}$ von mehr als 20 μs in diesem Transputersystem. Hierdurch wird ein stabiles Verhalten der verketteten Programmlaufzeiten und der Wartezeiten im Programmablauf gewährleistet. In dem Gültigkeitsbereich über 25 μs für $t_{abtast,warte}$, wird üblicherweise ein Abtastfehler von 2 μs entdeckt. Dieser Fehler ist abhängig von den Prozeßzeiten $t_{A.1}$, $t_{A.2}$ (der softwaremäßigen Befehlsprozesse) und dem Zeitvermessungsfehler im Verteilungsprogramm. Hieraus betragen die Fehler der Prozeßzeit des Zeitzählers im Transputer immer 1,9 μs für $t_{A.1}$ und 150 ns für $t_{A.2}$ /33/. Der Fehler der Abtastung kann ab 2 μs von $t_{abtast,warte}$ verbessert werden. Der Wert für die Fehlerkorrektur hängt von den Transputervarianten der Schnittstelle und der E/A-Steuerungen und der Anzahl der E/A-Steuerungen ab. Nach der Fehlerkorrektur (μs-Bereich) wird, um die restlichen Fehler zu korrigieren, ein Timer benötigt, welcher mindestens 10 ns messen kann. Der Transputer hat jedoch zwei

Zeiteinheiten,1 µs und 64 µs. Daher bleibt dieser Restfehler als Abtastabweichung bestehen.

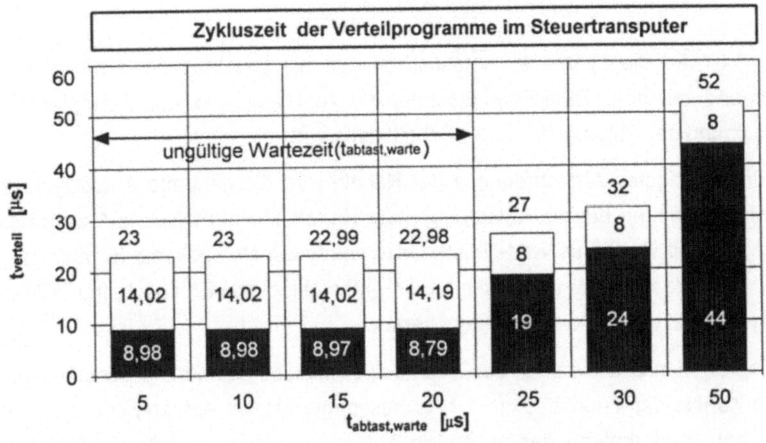

□ : ($t_{B.2}$+$t_{B.3}$) mit 4 E/A-Steuerprogrammen ■ : $t_{B.1}$ mit 4 E/A-Steuerprogammen
Transputerart : Steuertransputer = 32 bit Transputer (T800, 2 Mbyte RAM)
Lesetransputer = 16 bit Transputer (T222, 32 kbyte RAM)
Anzahl der Wiederholung : 100 mal , alle Werte sind Durchschnittswerte

Bild 5.7: Ergebnisse der Simulation der Abtastzykluszeit.

Bei den Signalabtastungen in der Transputerschnittstelle gibt es systematische Abweichungen. Die Abweichungen entstehen durch die asynchrone Signalübertragung zwischen den Signalübertragungssystemen und der relativ langsamen Datenabtastung im Lesetransputersystem. Die Abweichung der Abtastung für die Kanäle mit Meßdaten muß unter 1 % liegen. Die systematische Abweichung (t_{abw}) in dem Signalübertragungs- und Montagesteuerungssystem wird laut Gl. 5.21 wie folgt berechnet.

$$t_{abw} = t_{zyk} \cdot n\,, \qquad n = \text{Anzahl der gesamten Kanäle} \tag{5.21}$$

Durch diese Abweichung wird die Abtastfrequenz der Meßdatenkanäle auf die niedrige Frequenz begrenzt. Die Abweichung in der integrierten Signalübertragung ist unabhängig von Art und Anzahl der Transputerschnittstellen. Über den Abweichungswert müssen die Arten der Schnittstellentransputer und die Anzahl der E/A-Steuerungen über die Anzahl der angewendeten Signale bestimmt werden. In dieser Arbeit werden die Abtastzykluszeiten (Frequenzen) der Meßdaten aufgrund der Analyse und der Abweichung auf unter 2 ms (500 Hz) begrenzt.

5.3 Ausgangsabtastreihenfolge mit Multi-Kanal

In Bild 5.8 wird die optimierte Abtastreihenfolge als Ergebnis der Simulation der Berechnung mit dem Zwei-Prioritätsstufen-Konzept aufgrund der exemplarischen Untersuchung der Abtasttasks in der Schnittstelle gezeigt.

Nach der niedrigsten Abtastfrequenz der Kanäle wird die gesamte Abtastzykluszeit auf 50 ms bestimmt. Für die Abtastungen der Kanäle in Prioritätsstufe 1 wurde eine Abtastzykluszeit von 50 μs vordefiniert. Dazu wurde ein Notauskanal (Kanalnummer 1, 10 kHz) eingesetzt. Die elf Kanäle haben unterschiedliche Eigenschaften, wie z.B. Signaltyp, -funktionen und -bearbeitungsarten.

Das Diagramm in Bild 5.8 zeigt bezüglich des Einflusses der Kanal-Prioritäts-Stufen, daß die Kanäle der Prioritätsstufe 1 eine bestimmte eigene Abtastzykluszeit haben, welche bei Wiederholung der gesamten Abtastreihenfolge unveränderlich ist. Die Kanäle der Prioritätsstufe 2 haben eine nicht periodische dafür aber schnellere Abtastzykluszeit als die geforderte Abtastfrequenz. In der Berechnung der Abtastreihenfolge für die Prioritätsstufe 1 Kanäle wurden als a_0-Werte für jeden Kanal die maximalen Abstände zwischen den Abtastreihenfolgen der Prioritätsstufe-1-Kanäle berücksichtigt, da für die Kanäle in Prioritätsstufe 2 die Leerplätze in der Gesamtreihenfolge relativ periodisch sein können.

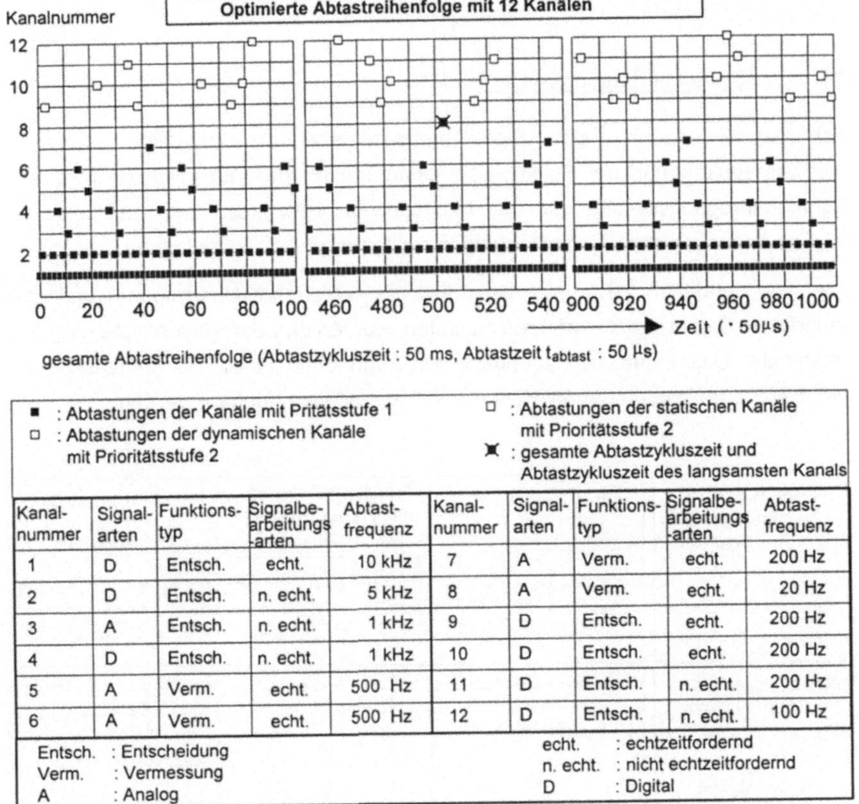

Kanal-nummer	Signal-arten	Funktions-typ	Signalbe-arbeitungs-arten	Abtast-frequenz	Kanal-nummer	Signal-arten	Funktions-typ	Signalbe-arbeitungs-arten	Abtast-frequenz
1	D	Entsch.	echt.	10 kHz	7	A	Verm.	echt.	200 Hz
2	D	Entsch.	n. echt.	5 kHz	8	A	Verm.	echt.	20 Hz
3	A	Entsch.	n. echt.	1 kHz	9	D	Entsch.	echt.	200 Hz
4	D	Entsch.	n. echt.	1 kHz	10	D	Entsch.	echt.	200 Hz
5	A	Verm.	echt.	500 Hz	11	D	Entsch.	n. echt.	200 Hz
6	A	Verm.	echt.	500 Hz	12	D	Entsch.	n. echt.	100 Hz

Entsch. : Entscheidung
Verm. : Vermessung
A : Analog
echt. : echtzeitfordernd
n. echt. : nicht echtzeitfordernd
D : Digital

Bild 5.8: Kanalsignal und die Abtastreihenfolge im Transputer-Steuerungssystem

6 Entwicklung eines optischen Signalübertragungssystems

6.1 Signalübertragungssystem

Ziel der Entwicklung des Signalübertragungssystems ist, eine geeignete Hardwarestruktur und die Funktionskomponenten für das ausgewählte integrierte Signalübertragungssystem für die Montage zu entwickeln und die zeitlichen Randbedingungen der Signalabtastung in der Schnittstelle zu bestimmen.

Um eine geeignete Systemstruktur für die integrierte Übertragung und das periodische Signalzugriffsverfahren zu finden, wurden drei Systemkonzepte (Bild 6.1) untersucht. Das Signalübertragungssystem kann ohne einen Mikroprozessor, mit einem Mikroprozessor oder mit Hilfe eines Transputers aufgebaut werden.

Signalübertragungssystem Struktur / Kriterien	ohne Prozessor	Transputersystem mit Transputerlinks	mit Mikroprozessor
	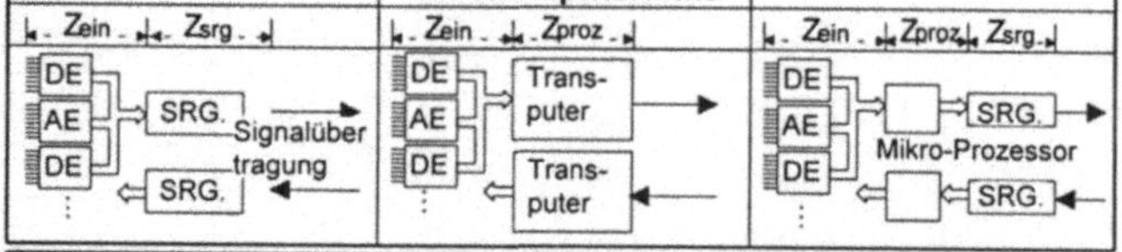 Z_{ein} / Z_{srg}; DE, AE, DE → SRG. → Signalübertragung; SRG. ←	Z_{ein} / Z_{proz}; DE, AE, DE → Transputer →; Transputer ←	Z_{ein} / Z_{proz} / Z_{srg}; DE, AE, DE → Mikro-Prozessor → SRG. →; SRG. ←
Interne Prozeßzeiten ($Z_{übert}$) für ein Datenpaket mit 20 MHz Takt	$Z_{übert} = Z_{ein} + Z_{srg}$ Z_{ein}: ns Bereich Z_{srg}: µs Bereich	$Z_{übert} = Z_{ein} + Z_{proz}$ Z_{ein}: µs Bereich Z_{proz}: µs Bereich	$Z_{übert} = Z_{ein} + Z_{proz} + Z_{srg}$ Z_{ein}: µs Bereich Z_{proz}: µs Bereich Z_{srg}: ns Bereich
Geschwindigkeit	●	◐	○
Flexibilität bei Systemgröße	○	●	◐
Technische Aufwand	○	◐	●

$Z_{übert}$: Interne Prozeßzeiten im Signalübertragungssystem
Z_{proz} : Prozeßzeiten im Mikro-Prozessor
DE : Digitalsignal Eingang
AE : Analogsignal Eingang
Z_{ein} : Abtastzeiten der digitalen oder analogen Signale
Z_{srg} : Prozeßzeiten im Schieberegister
SRG : Schieberegister
● : hoch ◐ : mittel ○ : niedrig

Bild 6.1: Auswahl der Struktur für das Signalübertragungssystem

Im Signalübertragungssystem mit Transputer können die Transputerlinks gleichzeitig als Kommunikationsleitung eingesetzt werden. Als eine der häufigsten Methoden kann die Struktur durch einen Mikroprozessor realisiert werden.

Die Prozeßzeiten und Übertragungsraten in dem integrierten Signalübertragungssystem müssen schnell sein. Die automatische Übertragung ohne Mikroprozessor kann für dieses Ziel realisiert werden.

Als Medium für das Signalübertragungssystem wurde die optische Leitung ausgewählt. Um ein geeignetes Kommunikationsprotokoll für die Punkt-zu-Punkt-LWL-Verbindungen, und um die Kanalnummerzyklusübertragung und schnellere Übertragungsraten zu gewährleisten, wurde das ATDM-Verfahren (Asychronisation Time Division Multiplexer) /12/ angewendet. Dazu wurde in diesem System auf Datenpuffer verzichtet, da Puffer in der Praxis eine Datenverzögerung in der Übertragung bewirken /12/ und die übertragenen Daten keine semantischen sondern abgetastete Signaldaten sind.

6.1.1 Struktur des Signalübertragungssystems

Das Signalübertragungssystem soll im Montage-Feldbereich angesiedelt werden. Um mehrere Kanaldaten in der Montageumgebung zu übertragen, wurde daher ein LWL- Signalübertragungssystem mit zwei getrennten Übertragungssteuerungssystemen (jeweils mit Sender und Empfänger) aufgrund des automatischen ATDM-Übertragungsverfahrens ausgewählt. Das Signalübertragungssystem ist modular aufgebaut, um bei großen Montagesystemen eine ausreichende Flexibilität zu gewährleisten. Sender und Empfänger haben auf einer Karte eigene Funktionsmodule. Um die Anforderungen im Montage-Feldbereich zu erfüllen, wird das Signalübertragungssystem in zwei Variationen, zum einen für eine normale Einbaulage und zum anderen für die Einbaulage auf einem Montageroboter konzipiert und entwickelt. Die Struktur des entwicklten Signalübertragungssystems ist in Bild 6.2 dargestellt.

Das Grundkonzept des Signalübertragungssytems ist ein programmierter Zeitmultiplexer. Der Sender arbeitet die digitalen oder analogen Sensorsignale in einer bestimmten Zeit ab. Wenn die Daten analog sind, werden sie in der Eingabekarte in digitale Daten umgewandelt. Nach der Umwandlung in einen seriellen Datenblock werden die Übertragungssteuerbits hinzugeführt. Danach wird der komplette Datenblock im elektrisch/optischen Umwandler konvertiert und zum Empfänger des verbundenen Signalübertragungssystem übertragen. Der Empfänger konvertiert die Daten wieder in die elektrische Form. Im Synchronisationsmodul wird die Phasenverschiebung zwischen dem LWL-Signal und dem internen Verarbeitungstakt gemessen und anhand dessen synchronisiert. Im Shiftermodul wird der Datenblock ins parallele Format zurückgewandelt und auf die Ausgabekarte oder zur Montagesteuerung der mitübertragenen Adreßnummer gesendet.

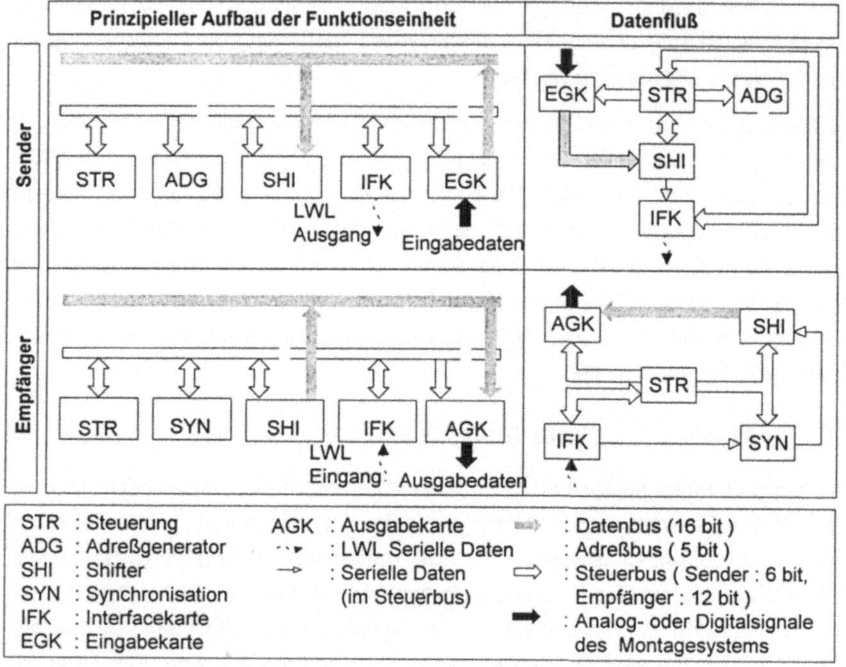

Bild 6.2: Aufbau und Datenfluß von Sender und Empfänger

In Montagesystemen sind über 40 % der Signale der eingesetzten Sensoren analog. Darum ist die Signalumwandlung (A/D oder D/A) ein wichtiger Faktor im Signalübertragungssystem für die Genauigkeit und die Bandbreite der Spannungen der übertragenen Signale. Aus der Analyse und den Anforderungen der Montagesysteme sind wesentliche Kriterien für die A/D-Umwandlung abschätzbar. Die überwiegende Anzahl (ca. 90 %) der analogen Sensoren liefert analoge Ein- und Ausgangsspannungen, welche auf den Bereich 0 V ... ± 10 V begrenzt sind. Die Auflösung ist ein wichtiger Faktor in der A/D-Umwandlung. Bei der Auflösung wird die Sensitivität von den übertragenen Analogsignalen bestimmt. Die überwiegende Anzahl der Sensoren in der Montage besitzt eine normale Sensitivität von 5 ... 250 mV pro Eingangseinheit (bar, g) bei einem Ausgangsspannungsbereich von ± 10 V. Um diese Voraussetzungen zu erfassen, ist eine Auflösung von weniger als 5 mV für den V_{LSB} (minimaler Ausgangsspannungsbereich) notwendig. Hiermit ist für den V_{LSB} gegeben:

$$V_{LSB} = V_{MAS} / 2^n \qquad (6.1)$$

V_{MAS} : Maximaler Ausgangsspannungsgsbereich (20 V)

Damit ergibt sich für die Anzahl der Bits der A/D- oder D/A-Umwandlung ein Wert von 11,9 für die Variable n. Das Ergebnis ist auf einen ganzzahligen Wert aufzurunden. Somit wird die Sensitivität der analogen Ein- und Ausgabekarten mit einer 12 bit Auflösung entwickelt.

6.1.2 Übertragungsprotokoll und Übertragungsgeschwindigkeit

Im entwickelten Signalübertragungssystem wird als Kommunikationsprotokoll ein Asynchronisationsverfahren benutzt, da die Übertragungsraten sehr hoch (20 Mbit/s) sind und Punkt-zu-Punkt-LWL-Verbindungen eingesetzt werden. Wie in Bild 6.3 angegeben, erreicht das gesamte Übertragungsdatenpaket 24-bit und beginnt bei dem vom Sender an den Empfänger übermittelten Datenpaket mit dem Startbit. Danach folgen die 16 Daten- und die 5 Adreßbits. Mit dem Paritybit wird das zu sendende Datenpaket auf Odd-Parity ergänzt. Das Stopbit beendet das Datenpaket. Bis zum nächsten Startbit ruht die Übertragung und der Lichtwellenleiter führt ein Low-Potential (Ruhebit).

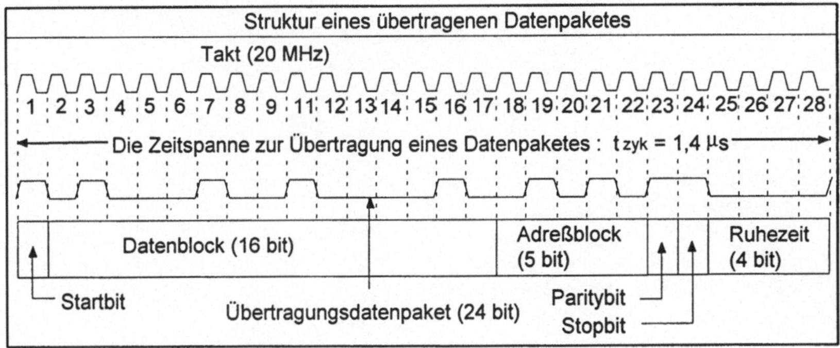

Bild 6.3: Übertragene Datenpakete

Im Zyklus der Signalübertragung wird eine neue Eingabekarte nach t_{zyk} adressiert. Das bedeutet, daß ein Signalübertragungssystem mit nur einer Eingabekarte die 16-bit Datenpakete dieser Eingabekarte $f_{adreß}$ mal pro Sekunde überträgt. Danach errechnet sich die Abtastfrequenz einer Eingabekarte mit der Anzahl der Eingabekarten (Kanäle) N_{gesamt} nach:

$$f_{abtast} = \frac{f_{adreß}}{N_{gesamt}} = \frac{1}{t_{zyk} \times N_{gesamt}} \tag{6.2}$$

Aus Gl. 6.2 ergibt sich, daß die maximal einsetzbare Abtastfrequenz der analogen oder digitalen Signale von der Anzahl der Ein- und Ausgabekarten des Signalübertragungssystems abhängig ist (maximal 714 kHz). Nach der Analyse der Sensoren in der Montage können die Sensorsignale mit dieser Übertragungsrate im optischen Signalübertragungssystem ausgetauscht werden.

7 Erprobung des Gesamtsystems

Ziel der durchgeführten Versuche war es, die Einsetzbarkeit des entwickelten Signalübertragungssystems und des Signalabtastungsalgorithmus zu bestätigen. Aufgrund des mehrschichtigen Aufbaus des Signalübertragungssystems, der Schnittstellen und des Montage-E/A-Steuerungssystems ist das Gesamtsystem zu umfangreich, um es einheitlich untersuchen zu können. Deshalb wurden die Transputerschnittstelle und das E/A-Steuerungssystem mit dem entwickelten Signalabtastungsalgorithmus unabhängig vom Signalübertragungssystem getestet.

Aufgrund der schnelleren Datenübertragung des Signalübertragungssystems (714 kHz bei 16 bit) im Vergleich zu der der Sensoren und Aktoren (max. 2 kHz) sowie des Transputers (max. 40 kHz bei 16 bit), war es möglich das Signalübertragungssystem getrennt von der Transputerschnittstelle und dem E/A-Steuerungssystem zu untersuchen.

7.1 Versuchsaufbau und Systemübersicht der Signalübertragung

Zur Erprobung des entwickelten Signalübertragungssystems für die Montage wurde ein Versuchssystem für die Verbindung zwischen dem Montageroboterarm und der Robotersteuerung aufgebaut. Dafür wurden zwei Signalübertragungssysteme (jeweils mit Sender und Empfänger), von denen das eine für die stationäre Montageumgebung und das zweite für eine Lageposition auf dem Roboter eingesetzt wird, verwendet. Die beiden haben die gleiche Funktion, sind aber in Bezug auf Gestaltung und Aufbaustruktur verschieden. Den Aufbau des Signalübertragungssystems und den Gesamtaufbau zeigt Bild 7.1.

Die Funktionskarten waren in beiden Systemen modular angeordnet. Die Festlegung der untersuchten Signalarten wurde anhand der Analyse vorgenommen. Sie beinhaltet Analog- und Digitalsignale. Für die Analogsignale wurde der Spannungsbereich von 0 V ... ± 10 V abgestimmt und die beiden Signalbearbeitungsarten, echtzeitfordernd und nicht echtzeitfordernd, erprobt. Die Auflösung der Analogsignale wird mit 12 bit (4096) ausgewählt, dazu wird die Anzahl der Digitalsignale mit 16 Ein- und Ausgängen in einer Funktionskarte versehen.

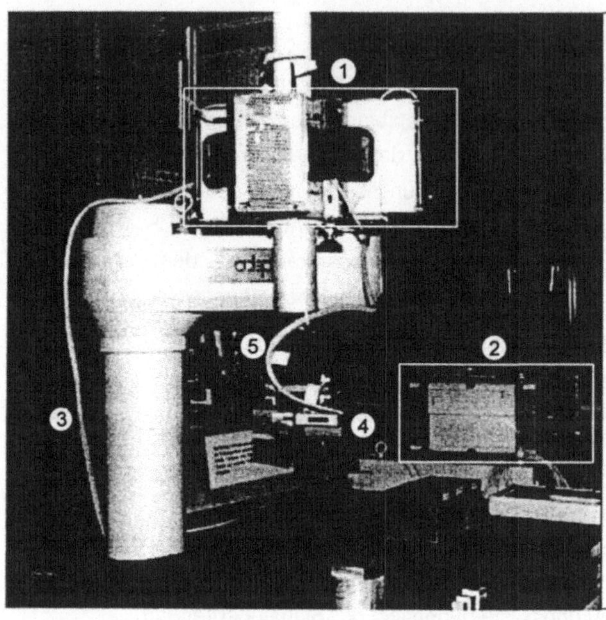

1 : Signalübertragungs-system am Industrieroboterarm
2 : Signalübertragungs-system an der Robotersteuerung
3 : 2-LWL und 24V Strom-versorgungskabel für das Signalüber-tragungssystem
4 : Montagegreifer mit analogen Sensoren
5 : Kabel für Signale vom Signalübertragungs-system zum Roboter-greifer

Bild 7.1: Versuchsaufbau zur Erprobung der Signalübertragungssysteme

7.1.1 Komponentenstruktur und Wirkungsweise der einzelnen Baugruppen

Um das Signalübertragungssystem am Montageroboterarm einsetzen zu können, muß es eine für einen Roboterarm geeignete Gestaltung haben, die Funktionen müssen aber mit anderen Signalübertragungssystemen identisch sein. Dafür wurden zwei Signalübertragungssysteme aufgebaut, wie in Bild 7.2 dargestellt.

In einem Signalübertragungssystem benutzen Sender und Empfänger getrennte Takte (20 MHz), Sender und Empfänger haben mehrere modular aufgebaute Funktionskarten. In beiden Signalübertragungssystemen wurden die Sender-, Empfänger- und Netzteilmodule miteinander verbunden. Die Module wurden im Signalübertragungssystem am Roboterarm durch flexible Führungskabel miteinander verbunden, um das Signalübertragungssystem am Roboterarm direkt einzusetzen. Dieses Signalübertragungssystem kann durch den Einsatz von SMD (Surface Mounted Device) noch kleiner werden (bis auf 1/3 der ursprünglichen Größe). In dem vorliegenden Pilotsystem wurden gewöhnliche ICs benutzt (s. Bild 7.2). Die gesamten Materialkosten für ein Signalübertragungssystem betragen ca. 150,-DM (ohne Transputer sowie Elektrisch/Optische- und Optisch/Elektrische-Umwandler). Durch Massenproduktion können diese Kosten noch niedriger werden.

Für den Einsatz des Signalübertragungssystems in der Industrie sind dessen Gewicht und dessen Gestaltung, besonders am Montageroboterarm, wichtige Faktoren. Dafür wurden die Gehäuse des Signalübertragungssystems am Roboterarm aus Kunststoff konstruiert. Im Versuch wurden die Störungen auf die Bauteile im Signalübertragungssystem am Roboter ausgemessen. Die Innenseiten der Gehäuse und die Führungskabel des Signalübertragungssystems wurden mit Alufolie gegen elektromagnetische Einstrahlung geschützt. Für das Netzteil mußte ein Stromkabel von außen vorgesehen werden.

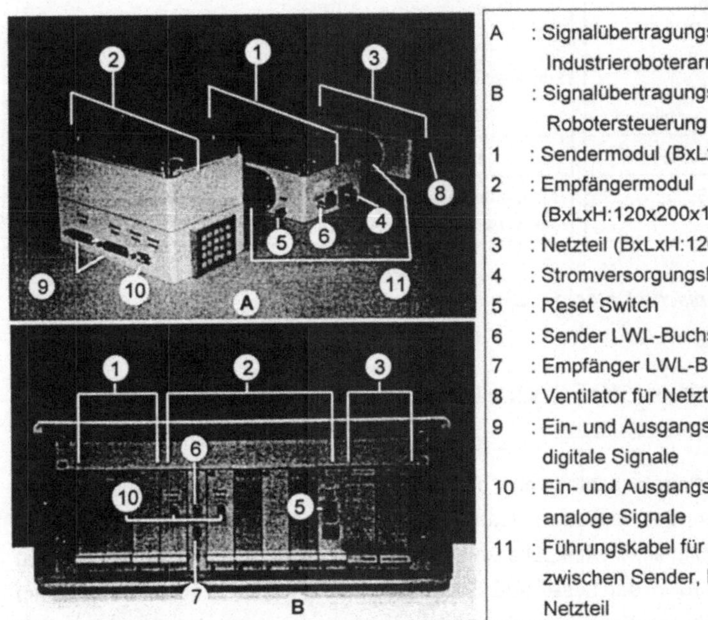

A : Signalübertragungssystem am Industrieroboterarm
B : Signalübertragungssystem an der Robotersteuerung
1 : Sendermodul (BxLxH:120x200x75)
2 : Empfängermodul (BxLxH:120x200x150)
3 : Netzteil (BxLxH:120x200x75)
4 : Stromversorgungsbuchse
5 : Reset Switch
6 : Sender LWL-Buchse
7 : Empfänger LWL-Buchse
8 : Ventilator für Netzteil
9 : Ein- und Ausgangsbuchse für digitale Signale
10 : Ein- und Ausgangsbuchse für analoge Signale
11 : Führungskabel für die Verbindung zwischen Sender, Empfänger und Netzteil

Bild 7.2: Signalübertragungssysteme

Für die LWL-Komponenten wurden aufgrund der Analyse und der Anforderungen Kunststofffasern und Infrarot-LWL benutzt. Weitere technische Daten des Signalübertragungssystems für das Montagesystem wurden aufgrund der Analyse und der Anforderungen der Montagesysteme in Bild 7.3 dargestellt.

Für die Erprobung des Signalübertragungssystems wurden die Ein- und Ausgangssignale der Digitalsignale mit Optokoppler (5 V High-Pegel und 0 V Low-Pegel) versehen. Hierfür wurde die Schnittstelle mit TR (24 V High-Pegel und 0 V Low-Pegel) realisiert, um die Signale direkt mit den Sensoren und Aktoren verbinden zu können.

	technische Konfigurationen der Signalübertragungssysteme
Datenübertragungsraten	20 Mbit/s (min. 62,5 kbit/s pro Kanal)
Übertragungsprotokoll	Zwei Uni-Direction Punkt-zu Punkt-Übertragungen
maximale Anzahl der Kanäle (Adresse)	32 Ein- und Ausgabekänale pro Signalübertragungssystem (max. 512 Digitalsignale oder 32 Analogsignale für Ein- bzw. Ausgänge)
Arten der Signale	Digitale und analoge Signale mit Meß- und Entscheidungsfunktion
LWL Medium und Lichtarten	Kunststofffasern und Infrarot
Typ der Systemkonstruktion	Modulare Karte (Europakartenformat)
Gestaltungen des Systems	Realisierung als Rack-Aufbau bzw. IR-taugliches Anbausystem (3 mal 120x200x75)

Bild 7.3: Technische Daten der Signalübertragungssysteme

7.2 Realisierung der Schnittstellen und der Montage-E/A-Steuerungen mit Transputersystemen

Das Transputersystem besteht aus mehreren Programmen, diese wurden auf die drei Transputer der Leseschnittstelle, der Schreibschnittstelle und der E/A-Steuerungsschnittstelle verteilt. Die Ablaufstruktur ist aus Bild 7.4 ersichtlich. Wie zu erkennen ist, wird in der Lese- und Schreibschnittstelle jeweils nur ein Programm abgearbeitet. Zu erklären ist dieser Umstand zum einen durch die hohen Anforderungen an die Verarbeitungsgeschwindigkeit und zum anderen durch den geringen Speicherplatz der 16-bit Transputer.

In dieser Arbeit wird die Verbindung der Lese- und Schreibschnittstelle mit dem Signalübertragungssystem durch den Adreßgenerator erprobt. Bei diesem Adreßgenerator ist die Kanalnummernsynchronisation eine wichtige Funktion zwischen dem Signalübertragungssystem und der Lese- und Schreibschnittstelle. Die übertragenen Kanaldaten haben eine Kanalnummer. Das Transputersystem hat eine eigene Adreßnummer im externen Speicher (#2000 - #5FFF) und durch eine Adreßnummer im externen Speicher werden die Kanaldaten zur Leseschnittstelle übertragen. Die Synchronisation der Kanalnummern wird in einem Adreßgenerator des Transputers durchgeführt und im GAL Programm realisiert.

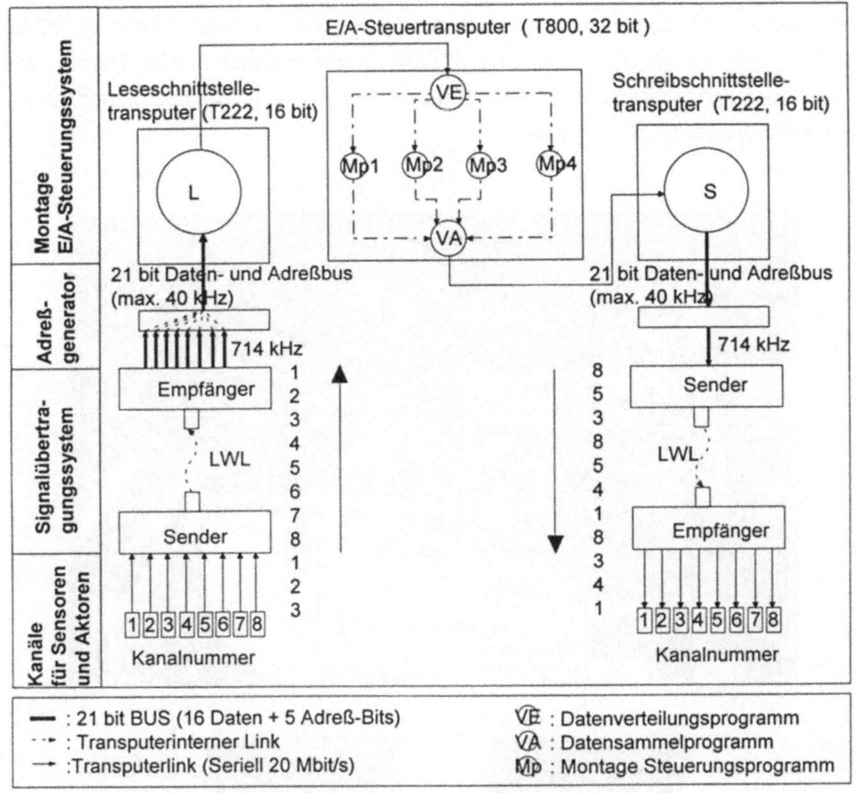

Bild 7.4: Montageablauf des E/A-Steuerungssystems

Bei der Erprobung arbeitete der E/A-Steuerungstransputer aufgrund seines 32 bit-Transputers vier Montage-E/A-Steuerungsprogramme parallel ab. Der Datenaustausch zwischen unterschiedlichen Programmen erfolgte dabei parallel über den internen Datenübertragungslink (Transputer Internal Channel).

Die drei Transputer wurden auf einem Transputer-Motherboard angeordnet und das Motherboard wird in den Leitrechner eingesetzt. Die Verbindungen zwischen den

Transputern können durch Transputer-Pipe-Lines durchgeführt werden und die Verbindung zwischen dem Steuerungstransputer und dem Montageleitrechner durch den PC-Bus des Leitrechners. Die Programme im Transputersystem werden mit einem OCCAM Compiler bearbeitet. Den Aufbau der Systeme zeigt Bild 7.5. Um den Lese- und den Schreibtransputer besser mit der Schnittstelle zu verbinden, werden zwei Prototyp Transputermodule (INMOS B430 TRAM mit 16-bit T222 Transputer) angewendet. Als Steuerungstransputer wurde ein INMOS B404 TRAM mit 32-bit T800 Transputer eingesetzt. Um die drei TRAM in den Rechner zu integrieren, wurde ein Transputermotherboard INMOS B008 mit einem T222 Transputer und einem Linkswitchbaustein C004 verwendet.

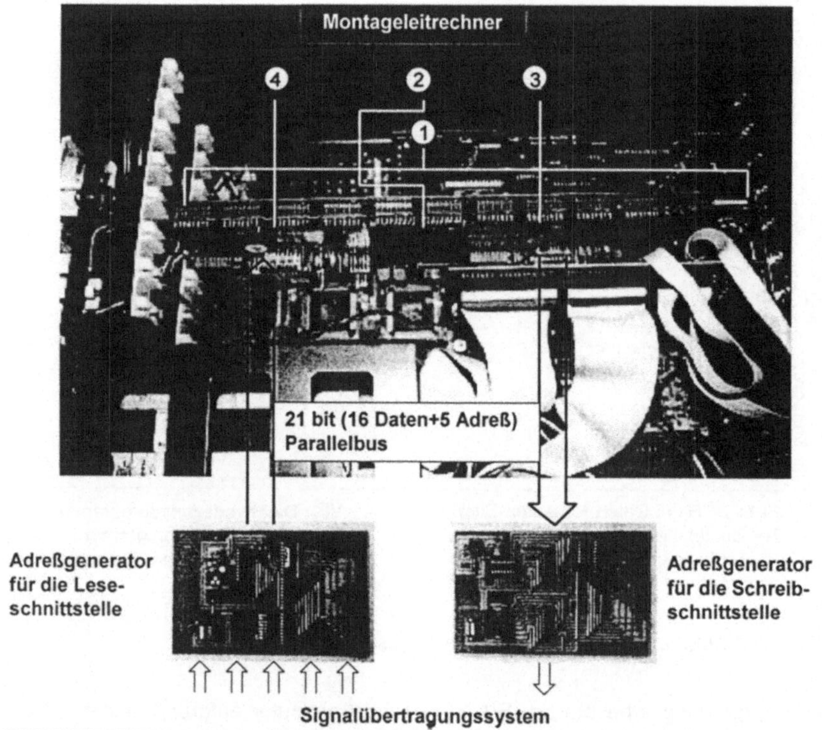

Bild 7.5: Transputer-Steuerungssystem

7.3 Versuchsergebnisse

7.3.1 Übertragungsraten in Signalübertragungssystemen

In Bild 7.6 werden die Timing-Diagramme für den Grundtakt und das LWL-Signal von Sender und Empfänger sowie zwei übertragene Analogsignale dargestellt. Sender und Empfänger benutzen getrennte 20 MHz-Grundtakte. Es wurde ein Signalübertragungssystem mit 20 Mbit/s Geschwindigkeit realisiert. Der Empfänger erhält wegen der Phasenverschiebung ein längeres Startbit (Nr.6), dieses wird nach der Synchronisation angepaßt. Das serielle Datenpaket wird vor der E/O (Elektrisch/Optisch) - Umwandlung im Sender und nach der O/E (Optisch/Elektrisch) - Umwandlung im Empfänger gemessen. Für die Analogsignale entspricht das empfangene Analogsignal bis 10 kHz dem gesendeten Signal. Aus den Versuchsergebnissen zeigt sich, daß die Anforderungen des Signalübertragungssystems für die Montage erfüllt werden.

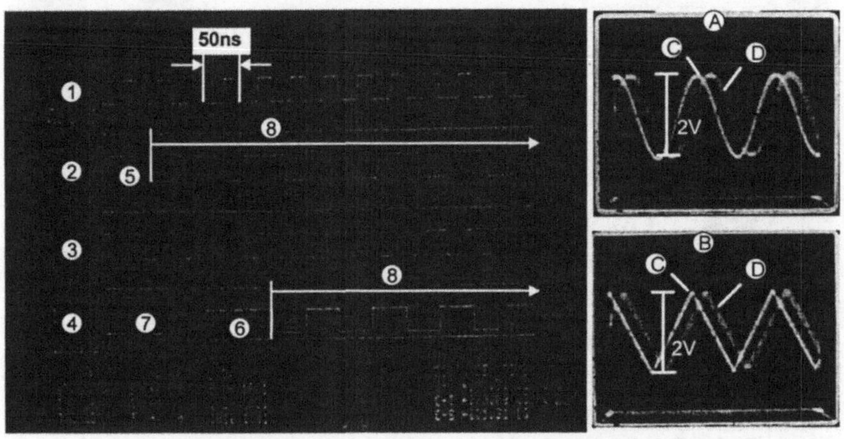

1 : Takt im Sender am Roboterarm	7 : Ruhebits (4bit)
2 : gesendetes Datenpaket im Sender	8 : Datenblock (16bit, #AAAA)
3 : Takt im Empfänger an der Robotersteuerung	A, B : Übertragene Analogsignale
4 : empfangenes Datenpaket im Empfänger	C : Originalsignal (10KHz)
5 : Startbit am Sender	D : Übertragenes Signal
6 : Startbit am Empfänger (vor der Synchronisation)	

Bild 7.6: Timing Diagramme an Sender und Empfänger und übertragene Analogsignale

7.3.2 Zwei-Stufenpriorität für die Signalabtastungen in der Transputerschnittstelle

Die Verfügbarkeit der entwickelten Zwei-Prioritäten-Abtastreihenfolgealgorithmen erweist sich bei digitalen und analogen Signalen in Montagesystemen mit ca. 78 % (93 % von Digitalsensoren und 64 % von Analogsensoren) als ausreichend. Im Algorithmus für die Berechnung der Abtastreihenfolge können die Diskussionspunkte bei den Prioritäten erkannt und untersucht werden. So zeigen sich (Bild 7.7) bei den Abtastzykluszeiten in den Prioritätsstufe-2-Kanälen Größendifferenzen zwischen der minimalen und der maximalen Abtastzykluszeit. Diese ergeben sich aus der Abtastreihenfolge (b_r) für Priorität 2 mit unperiodischen Abtastzykluszeiten.

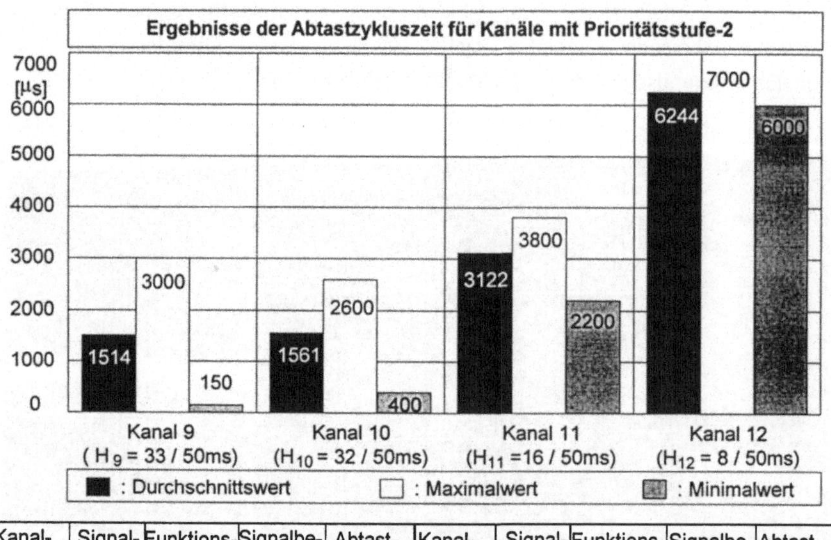

Kanal-nummer	Signal-typ	Funktions-typ	Signalbe-arbeitung	Abtast-frequenz	Kanal-nummer	Signal-typ	Funktions-typ	Signalbe-arbeitung	Abtast-frequenz
9	D	Entsch.	echt.	200 Hz	10	D	Entsch.	echt.	200 Hz
11	D	Entsch.	n. echt.	200 Hz	12	D	Entsch.	n. echt.	100 Hz

Entsch. : Entscheidung
D : Digital
echt. : echtzeitfordernd
n. echt. : nicht echtzeitfordernd

Bild 7.7: Abtastzykluszeiten für die Kanäle in Priorität 2

Wenn die Anzahl der Abtastungen (H_{rest}) für Prioritätsstufen-2-Kanäle größer als die geforderte Anzahl der Abtastungen der Priorität-2-Kanäle ist, haben die unperiodischen Abtastungen keinen Einfluß auf die geforderte Abtastzykluszeit für jeden Kanal (siehe Bild 7.7). Dafür soll die Anzahl der gesamten Abtastungen ($H_{abtast,gesamt}$) so groß wie möglich bei gleichzeitig kurzen Abtastzykluszeiten (t_{abtast} min. 25 µs) abgestimmt werden.

Die Bestimmung der Gewichtungsfaktoren ($Q_{N_{k2}}$ in Gl. 5.13) der echtzeitfordernden und nicht echtzeitfordernden Signalbearbeitungsarten ist ein kritischer Faktor. In dieser Arbeit werden die $Q_{N_{k2}}$-Werte für die echtzeitfordernden und nicht echtzeitfordernden Signalbearbeitungsarten als Fall 1 und 2 definiert. Hieraus ergibt sich eine Differenz (zweifach) zwischen den Durchschnittswerten aus Kanal 10 und 11 und dem jeweiligen Gewichtungsfaktor. Um die Algorithmen in der Industrie einzusetzen, können die Faktoren durch die geforderte Taktzeit der Montagestation oder des Montageroboters (für jeden Kanal in Prioritätsstufe 2) proportional vorbestimmt werden.

8 Zusammenfassung und Ausblick

Die Steuerung von Montagelinien oder -zellen, die aus mehreren Montagestationen, Steuerungsgeräten und Signalübertragungssystemen bestehen, erfolgt heute in einer hierarchischen und unflexiblen Steuerungsstruktur. Der Informationsfluß zwischen den einzelnen Steuerungseinheiten und den Sensoren/Aktoren basiert auf einer Vielzahl von unterschiedlichen Protokollen. Zugleich ist der Daten- und Signalübertragungsweg oft weit. Dies liegt vor allem an der mangelhaften Integration der verschiedenen Signalübertragungssysteme im Rahmen der konventionellen Systemarchitektur.

In der Analyse von Montagesystemen wird zunächst die Vielfalt und Ausgestaltung der eingesetzten Schnittstellen und Steuerungskomponenten aufgezeigt. Ausgehend von der Anwendung der Signalübertragung in Montagesystemen werden die relevanten Systemparameter, wie Anzahl, Geschwindigkeit und Arten der Sensoren und Aktoren von Montagesystemen untersucht. Aufbauend auf den aus der Analyse abgeleiteten Anforderungen wird anschließend die Entwicklung des E/A-Steuerungssystems, der E/A-Schnittstelle und des Signalübertragungssystems für die Montage sowie der spezifischen Funktionen durchgeführt.

In der Konzeptionsphase wurde für das integrierte Signalübertragungssystem aufgrund der hohen Flexibilität und Störsicherheit der Lichtwellenleiter für die weitere Entwicklung ausgewählt. Dazu wurden geeignete Signalzugriffsverfahren und Signalabtastverfahren bestimmt. Mit der Festlegung der Signalabtastung mit Hilfe von Kanalprioritäten in der E/A-Schnittstelle wird eine Abtastreihenfolge für die Steuerungskomponenten des Montagesystems über die Berechnung einer sogenannten Zwei-Stufen-Priorität eingeführt. Für die E/A-Schnittstellen wurde das Transputersystem als Realisierungsgrundlage ausgewählt und festgelegt.

Aufgrund der Zwei-Stufen-Prioritäten wird ein Algorithmus zur automatischen Berechnung der Abtastreihenfolge vorgeschlagen, welcher ausgehend von der Eingabe der Montage-Sensorsignale in das Signalübertragungssystem mit den Eigenschaften jedes Signals eine optimierte Abtastreihenfolge bestimmt. Die wesentlichen Schritte des Algorithmus sind die Bestimmung der verschiedenen Sensorsignalarten, die Aufstellung der Signalprioritäts-Stufen und eine schrittweise Reihenfolgeberechnung bei den Prioritäten.

Für das Signalübertragungssystem wurden zwei geeignete Teilsysteme zum einen als Schaltschrankmodul, zum zweiten zum Anbau an einen Montageroboterarm entwickelt. Die Systeme sind auf einer modularen Funktionskarte, der Europakarte, aufgebaut. Um ein für die Montage geeignetes Signalübertragungssystem aufzubauen, wurden Fehlerbehandlungsroutinen gegen langfristige und kurzfristige Störungen entwickelt. Funktionen wie Geschwindigkeit, maximale Anzahl der Ein- und Ausgabekarten und Spannung der Analogsignale des Systems wurden aufgrund der Montagesystemanalyse bestimmt. Um die Effizienz durch die Verbindungen des Signalübertragungssystems und des Signalabtastalgorithmus in der Schnittstelle zu überprüfen, wurden die minimale Abtastzykluszeit, die gültigen Frequenzen der Kanäle und die Abweichungen der Abtastungen beispielhaft in der Transputerschnittstelle und dem E/A-Steuerungssystem ermittelt.

Das entwickelte Signalübertragungssystem und der Abtastalgorithmus in der Transputerschnittstelle für die Montage wurden getrennt voneinander erprobt. Dabei zeigte sich, daß das entwickelte Signalübertragungs- und Montagesteuerungssystem die gestellten Anforderungen im Montagebereich erfüllt.

Durch die vorgestellte Arbeit wurde die Grundlage für eine neue integrierte Signalübertragungsstruktur für Montagesysteme geschaffen. Die weitere Erforschung und Optimierung des rechnergestützten, übertragungssystemgebundenen Montagesystems ist Voraussetzung für die Verbesserung der Systemstruktur der E/A-Steuerungen in der Montage.

Für den industriellen Einsatz sind zusätzliche Untersuchungen hinsichtlich der Signalübertragungsstruktur und des Abtastalgorithmus in der Transputerschnittstelle mit Montageaufgaben notwendig, da für unterschiedliche Aufgaben oder Systemgrößen jedes Montagesystem weitere Anforderungen der eingesetzten Sensoren und Aktoren benötigt. Dazu sollte der Flächenbedarf der Signalübertragungssysteme reduziert werden, da leichtere und kleinere Systeme besser am Roboterarm montiert werden können. Mit SMD-Technik und Multilayer-Platinen kann dies erreicht werden, so daß mehrere Funktionskarten im Signalübertragungssystem auf einer Karte zusammengefaßt werden können.

9 Schrifttum

[1] Warnecke, H.-J.: Revolution der Unternehmenskultur: Das Fraktale Unternehmen. 2. Aufl. Berlin; Heidelberg; New York: Springer, 1993.

[2] Schraft, R.D.; u.a.: Industrierobotertechnik. 2. Aufl. Böblingen: expert Verlag, 1990.

[3] Storr, A.; Nnaji, B.O.; Rembold, U.: Computer Integrated Manufacturing and Engineering. Workingham; England u.a.: Addison-Wesley, 1993.

[4] Schweizer, M.; Weisener, T.: Optische Nerven für Industrieroboter. In: Elektronik 24 (1991), S. 102-106.

[5] Kugler, W.: Kommunikationsmechanismen für offene Numerische Steuerungssysteme. Diss. Univ. Stuttgart, 1994.

[6] Eyring, H.-P.: Vernetzte Automatisierungssysteme Kommunizierende Aktoren. In: elektro Automation 47 (1994). Jg.Nr. 4, S. 22-25.

[7] Färber, G.: Feldbus-Technik heute und morgen. In: Automatisierungstechnische Praxis 11 (1994), S. 16-36.

[8] Werner, B.; Blome, W.: Vernetzung von Sensoren und Aktoren mit verschiedenen Feldbussen im Vergleich. 5. Int. Fachmesse und Kongreß für Speicherprogrammierbare Steuerungen, Industrie- PCs und Elektronische Antriebstechnik.Tagungsband (1994), S. 277-286.

[9] o.V.: Elektromagnetische Verträglichkeit (EMV). In: Scope 22 (1991), S. 7-11.

[10] Bent, R.: Lichtwellenleiterübertragung im INTERBUS-S-Sensor/Aktor Ring. 5. Int. Fachmesse und Kongreß für Speicherprogrammierbare Steuerungen, Industrie-PCs und Elektronische Antriebstechnik. Tagungsband (1994), S.287-296

[11] Witte, K. W.: Wirtschaftliche Montage automatisierungsgerechter Produkte. 8. Deutscher Montagekongress, München, 1988.

[12] Tanenbaum, A.S.: Computer-Netzwerk. Wolfram´s Fachverlag. 1990.

[13] Franck, R.: Rechnernetze und Datenkommunikation. Berlin; Heidelberg; New York: Springer, 1986.

[14] Warnecke, H.-J.; Schraft, R.D.: Industrieroboter - Handbuch für Industrie und Wissenschaft. Berlin; Heidelberg; New York: Springer, 1990.

[15] Zimmermann, P.: CAN-Serielle Datenübertragung für Echtzeitanforderungen. In: Elektronik 5/1991, S. 76-78.

[16] Stemmer, M. R.: Einsatzmöglichkeiten digitaler Feldbussysteme in geschlossenen, maschineninternen Regelkreisen. Diss. RWTH. Aachen, 1991

[17] Pritschow, G.; Spur, G.; Weck, M.: Sensordatenverarbeitung in der Fertigungstechnik. München; Wien: Carl Hanser Verlag, 1987.

[18] Bärnreuther, B.: Ein Beitrag zur Bewertung des Kommunikationsverhaltens von Automatisierungsgeräten in flexiblen Produktionsstellen. Diss. Friedrich-Alexander-Univ. Erlangen-Nürnberg, 1992.

[19] Pritschow, G.: Steuerungstechnik der Werkzeugmaschinen und Industrieroboter. Vorlesungsmanuskript an der Univ. Stuttgart 1994.

[20] Kosmischke, M.: Einbindung von Sensorsystemen in den Informationsfluß intergrierter Produktionssysteme. Diss. RWTH. Aachen , 1988.

[21] Habiger, E.: Elektromagnetische Verträglichkeit, Grundzüge ihrer Sicherstellung in der Geräte- und Anlagentechnik. Heidelberg: Hüthig Buch Verlag GmbH, 1992.

[22] o.V.: Norm DIN 19245: PROFIBUS Norm Teil 1, 2.

[23] Putsch, H.: Die moderne SPS im Verbundbetrieb. VDI Bildungswerk für Automatisieren mit Zukunftsorientierter SPS-Technik (1990), BW 9024.

[24] Können, P.-L.: Netzwerk in der Automatisierung. In: Elektrotechnik für die Automatisierung 3-27.3.1995, S.155-156.

[25] Solvie, M.: Zeitbehandlung und Multimedia-Unterstützung in Feldkommunikationssystemen. Diss. Friedrich-Alexander-Univ. Erlangen-Nürnberg, 1995.

[26] Linnemann, H.: Verteilte Steuerungssysteme im lokalen Netzwerk. Diss. Techn. Univ. Berlin, 1993.

[27] Fromm-Ayaß, R.: Der IndustriePC als Partner der SPS. 5. Int. Fachmesse und Kongreß für Speicherprogrammierbare Steuerungen, Industrie- PCs und Elektronische Antriebstechnik. Tagungsband (1994), S. 149-157.

[28] Saueressig, F.: PC-Kompatible Steuerungstechnik - die zukunftssichere SPS- und CNC-Lösung im Maschinen- und Anlagenbau. Int. Fachmesse und Kongreß für Speicherprogrammierbare Steuerungen, Industrie-PCs und Elektronische Antriebstechnik. Tagungsband (1994),S.159-168

[29] Furrer, F.-J.: Konzept "Verteilte Steuerung": Einfluß auf die Industrieautomation. Int. Fachmesse und Kongreß für Speicherprogrammierbare Steuerungen, Industrie-PCs und Elektronische Antriebstechnik. Tagungsband (1994), S. 169-177.

[30] Pritschow, G.: Steuerungstechnik. Vorlesungsmanuskript I und II an der Univ. Stuttgart 1994.

[31] Härtler, G.: Statistische Methode für die Zuverlässigkeitsanalyse. Berlin: VEB Verlag Technik 1983.

[32] Waltz, E.; Llinas, J.: Multisensor Data Fusion. Boston; London: Artech House, 1990.

[33] o.V.: The Transputer Databook. INMOS Ltd, 1992.

[34] Heilemann, O.; u.a.: Digitale Übertragungstechnik, PCM-Grundlage und Meßtechnik. Ehningen bei Böblingen: expert Verlag, 1992.

[35] Plapper, P.-W.: Echtzeit-Analyse der Signale von Multisensorsystemen. Diss. RWTH. Aachen, 1993.

[36] Storr, A.: Prozeßleittechnik Vorlesungsmanuskript an der Univ. Stuttgart, 1994.

[37] Krebser, G.: Betriebssystem für NC mit einheitlichen Schnittstellen. Diss. Univ. Stuttgart, 1991.

[38] Peier, D.: Elektromagnetische Verträglichkeit: Problemstellung und Lösungsansätze. Heidelberg: Hüthig Buch Verlag GmbH, 1990.

[39] John, A.: Serielle Busse in der Prozeßtechnik. VDI- Bericht 844 (1990), S. 1-15.

[40] o.V.: Lokale Netze : Komponenten und Architektur optischer Kommunikationstechnik. AEG, HMD148/1989.

[41] Harmond, J.-L.; O'Rilly, P.J.-P.: Performance analysis of Local Computer Network. Reading; Massachusetts: Addison-Weseley Publishing Company, 1986.

[42] Schraft, R.D.: Automatisierung in Montage und Handhabungstechnik. Vorlesungsmanuskript an der Univ. Stuttgart, 1992.

[43] Wieland, E.: Anwendungsorientierte Programmierung für die robotergestützte Montage. Diss. Univ. Stuttgart, 1994.

[44] Miller, N.: Untersuchung und Nachweis der Durchgängigkeit von Kommunikationssystemen für den fertigungsnahen Bereich. Diss. RWTH Aachen, 1990.

[45] Kennel, R.; Kunz, O.; Weber, R.: SERCOS-Interface-die digitale Antriebsschnittstelle in Verbindung mit analogen und digitalen Antrieben. VDI-Bericht 855 (1990), S. 499-507.

[46] Breithaupt, R.: PROFIBUS, Merkmale und Charakteristiken. VDI- Bericht 844 (1990), S.32-49.

[47] Voits, M.: PROFIBUS nach DIN V 19245, Teil 1. für die Antriebstechnik, VDI-Bericht 844 (1990) S. 35-46.

[48] Enderie, W.: Verfügbarkeitssteigerung Montagesysteme durch selbsttätige Behebung prozeßbedingter Störungen. Diss. Univ. Karlsruhe,1989.

[49] Withby-Streven, C.: The Transputer. IEEE Spectrum, 1985.

[50]	Birkle, M.:	Meßnetz für Umwelt- und Anlagenüberwachung.VDI/VDE- GMR-Bericht 9, 1986, S. 100-118.
[51]	Howe, C. D.; Moxen, B.:	How to program parallel processors. In: IEEE Spectrum (1987), September.
[52]	Härdtner, G.M.:	Wissensstrukturierung in Diagnoseexpertensystemen für Fertigungseinrichtungen. Diss. Univ.Stuttgart, 1991.
[53]	Kafka, G.:	Schnittstelle für die Datenübertragung. In: Elektronik 25 (1984), S. 76-80.
[54]	Stetten, R.:	Auslegung von Störungspuffern in kapitalintensiven Fertigungslinien. Diss. Univ. Stuttgart, 1977.
[55]	Bärnreuther, B.:	Die Standardisierung von Datenschnittstellen in der Montageautomatisierung. In: Informatik Spektrum 12 (1989), S. 312- 320.
[56]	Nolting, F.-W.:	Projektierung von Montagesystemen. Diss. Univ.Erlangen-Nürnberg, 1988.
[57]	Schöning, J.; Spingler, J. C.:	Sensortechnik für die Montage. In: Technica 11/1989, S. 40- 48.
[58]	o.V.:	The Transputer Application Notebook. INMOS Ltd, 1989.
[59]	Rumelhart, D.E.; u.a.:	Parallel Distributed Processing-Explorations in the Microstructures of Cognition. Sixth Printing, Cambridge, Massachusetts; London, England: The MIT Press, 1987.
[60]	o.V.:	Steuerung von Montagezellen/ Arbeitgemeinschaft Prozeßperipherie im VDMA. Frankfurt. 1990.
[61]	Können, P.-L.:	Netzwerk in der Automatisierung. In: Elektronik für die Automatisierung 6-13.6.1995, S. 131-132.

[62] Peters, K.: SERCOS-Interface Abgrenzung zum PROFIBUS für die Antriebstechnik. VDI- Berichte. 844, 1990, S. 69-83.

IPA Forschung und Praxis

Schriftenreihe aus dem Institut für Produktionstechnik und Automatisierung, Stuttgart

Herausgeber: Prof. Dr.-Ing. Dr. h. c. mult. H.-J. Warnecke

Datenerfassung im Produktionsbereich
Von E. Bendeich. ISBN 3-7830-0117-8.
1977, 176 Seiten, kartoniert. 54,— DM

Methodenauswahl für die Materialbewirtschaftung in Maschinenbau-Betrieben
Von H. Graf. ISBN 3-7830-0136-6.
1977, 144 Seiten, kartoniert. 54,— DM

Systematische Auswahl von Förderhilfsmitteln für den innerbetrieblichen Materialfluß
Von W. Rau. ISBN 3-7830-0139-0.
1977, 103 Seiten, kartoniert. 40,— DM

Grundlagen zur Planung von Ersatzteilfertigungen
Von E. Schulz. ISBN 3-7830-0138-2.
1977, 98 Seiten, kartoniert. 40,— DM

Rechnerunterstützte Fabrikplanung
Von B. Minten. ISBN 3-7830-0116-1.
1977, 124 Seiten, kartoniert. 38,— DM

Eine Planungsmethode für automatische Montagesysteme
Von H.-G. Löhr. ISBN 3-7830-0120-X.
1977, 108 Seiten, kartoniert. 32,— DM

Planung und Bewertung von Arbeitssystemen in der Montage
Von H. Metzger. ISBN 3-7830-0131-5.
1977, 108 Seiten, kartoniert. 40,— DM

Klassifizierungssystem für Prüfmittel der industriellen Längenprüftechnik
Von R. Czetto. ISBN 3-7830-0144-7.
1978, 181 Seiten, kartoniert. 64,— DM

Rechnerunterstützte Montageplanung
Von O. Hirschbach. ISBN 3-7830-0149-8.
1978, 146 Seiten, kartoniert. 52,— DM

Rechnerunterstützte Entwicklung von Simulationsmodellen für Unternehmensplanspiele
Von A. Moker. ISBN 3-7830-0147-1.
1978, 181 Seiten, kartoniert. 64,— DM

Arbeitsplatzanalysen zur Ermittlung der Einsatzmöglichkeiten und Anforderungen an Industrieroboter
Von G. Herrmann. ISBN 37830-0151-X.
1978, 113 Seiten, kartoniert. 40,— DM

MFSP — Ein Verfahren zur Simulation komplexer Materialflußsysteme
Von G. Stemmer. ISBN 3-7830-0118-8.
1977, 140 Seiten, kartoniert. 60,— DM

Berührungslose Erkennung durch Positionsbestimmung von Objekten durch inkohärent-optische Korrelation
Von M. König. ISBN 3-7830-0137-4.
1977, 110 Seiten, kartoniert. 40,— DM

Auslegung von Störungspuffern in kapitalintensiven Fertigungslinien
Von R. v. Stetten. ISBN 3-7830-0140-4.
1977, 154 Seiten, kartoniert. 56,— DM

Flexible Transportablaufsteuerung
Von G. Römer. ISBN 3-7830-0114-5.
1977, 188 Seiten, kartoniert. 60,— DM

Rechnergestützte Realplanung von Fabrikanlagen
Von T.-K. Sauter. ISBN 3-7830-0119-6.
1977, 108 Seiten, kartoniert. 32,— DM

Systematisches Auswählen und Konzipieren von programmierbaren Handhabungsgeräten
Von R. D. Schraft. ISBN 3-7830-0115-3.
1977, 108 Seiten, kartoniert. 32,— DM

Auslandsproduktion
Von W. Cypris. ISBN 3-7830-0145-5.
1978, 126 Seiten, kartoniert. 42,— DM

Wirtschaftlicher Einsatz von Mehrkoordinatenmeßgeräten
Von M. Dietzsch. ISBN 3-7830-0148-X.
1978, 142 Seiten, kartoniert. 52,— DM

Fertigungssteuerung bei flexiblen Arbeitsstrukturen
Von K.-G. Lederer. ISBN 3-7830-0146-3.
1978, 128 Seiten, kartoniert. 42,— DM

Untersuchungen zum Polieren und Entgraten durch elektrochemisches Oberflächenabtragen
Von K. Zerweck. ISBN 3-7830-0150-1.
1978, 110 Seiten, kartoniert. 40,— DM

Stufenweise Ableitung eines praktischen Planungssystems für den Entwicklungsbereich
Von R. Hichert. ISBN 3-7830-0149-8.
1978, 151 Seiten, kartoniert. 52,– DM

Produktionsplanung mit Auftragsfamilien
Von U. W. Geitner. ISBN 3-7830-0161.7.
1979, 110 Seiten, kartoniert. 45,– DM

Thermisch-chemisches Entgraten
Von T. Wagner. ISBN 3-7830-0164-1.
1979, 111 Seiten, kartoniert. 45,– DM

Untersuchung der Materialflußkosten bei ausgewählten Systemen der Zentralen Arbeitsverteilung
Von R. Wenzel. ISBN 3-7830-0162-5.
1979, 168 Seiten, kartoniert. 86,– DM

Anpassung und Einführung eines Planungssystems für die Ablaufplanung im Konstruktionsbereich
Von W. Dangelmaier. ISBN 3-7830-0163-3.
1979, 168 Seiten, kartoniert. 80,– DM

Längenmessungen an bewegten Teilen mit berührungslos wirkenden Aufnehmern
Von H. Lang. ISBN 3-7830-0157-9
1979, 89 Seiten, kartoniert. 42,– DM

Untersuchung multistabiler Strömungselemente und ihr Einsatz in sequentiellen Steuerungen
Von A. Ernst. ISBN 3-7830-0157-9.
1979, 122 Seiten, kartoniert. 48,– DM

Taktile Sensoren für programmierbare Handhabungsgeräte
Von M. Schweizer. ISBN 3-7830-0158-7.
1979, 91 Seiten, kartoniert. 42,– DM

Die rechnerunterstützte Prüfplanung
Von P. Blasing. ISBN 3-7830-0152-8.
1979, 100 Seiten, kartoniert. 44,– DM

Verfahren zur Fabrikplanung im Mensch-Rechner-Dialog am Bildschirm
Von W. Ernst. ISBN 3-7830-0156-0.
1979, 218 Seiten, kartoniert. 72,– DM

Rechnerunterstütztes Verfahren zur Leistungsabstimmung von Mehrmodell-Montagesystemen
Von M. Gorke ISBN 3-7830-0155-2.
1979, 139 Seiten, kartoniert 50,– DM

Standortbezogene Betriebsmittel
Von G. Pflieger. ISBN 3-7830-0167-6.
1979, 127 Seiten, kartoniert. 52,– DM

Die betriebswirtschaftliche Beurteilung neuer Arbeitsformen
Von B.-H. Zippe. ISBN 3-7830-0168-4.
1979, 350 Seiten, kartoniert. 98,– DM

Untersuchung des Arbeitsverhaltens programmierbarer Handhabungsgeräte
Von B. Brodbeck. ISBN 3-7830-0169-2.
1979, 117 Seiten, kartoniert. 48,– DM

Untersuchung eines kohärent-optischen Verfahrens zur Rauheitsmessung
Von N. Rau. ISBN 3-7830-0174-9
1979, 117 Seiten, kartoniert. 48,– DM

Entwicklung einer programmierbaren, pneumatischen Steuerung
Von D. Klemenz. ISBN 3-7830-0171-4
1979, 93 Seiten, kartoniert. 42,– DM

IPA Forschung und Praxis

Berichte aus dem Fraunhofer-Institut für Produktionstechnik und Automatisierung, Stuttgart, und dem Institut für Industrielle Fertigung und Fabrikbetrieb der Universität Stuttgart

Herausgeber: Prof. Dr.-Ing. Dr. h. c. mult. H.-J. Warnecke

---

38 **Arbeitsgangterminierung mit variabel strukturierten Arbeitsplänen — Ein Beitrag zur Fertigungssteuerung flexibler Fertigungssysteme**
Von U. Maier. ISBN 3-540-10213-2.
1980, 111 Seiten mit 45 Abbildungen. 43.– DM

39 **Kapazitätsabgleich bei flexiblen Fertigungssystemen**
Von P. S. Nieß. ISBN 3-540-10372-4.
1980, 151 Seiten mit 57 Abbildungen. 48.– DM

40 **Schichtdickenverteilung auf galvanisierten Paßteilen am Beispiel kleiner abgesetzter Wellen und Bohrungen**
Von D. Wolfhard. ISBN 3-540-10373-2.
1980, 177 Seiten mit 83 Abbildungen. 48.– DM

41 **Planung von Mehrstellenarbeit unter Berücksichtigung von Umfeldaufgaben**
Von S. Häußermann. ISBN 3-540-10374-0.
1980, 136 Seiten mit 59 Abbildungen. 48.– DM

42 **Untersuchungen zur Schmierfilmdicke in Druckluftzylindern — Beurteilung der Abstreifwirkung und des Reibungsverhaltens von Pneumatikdichtungen mit Hilfe eines neu entwickelten Schmierfilmdicken-meßverfahrens**
Von R. Köhnlechner. ISBN 3-540-10375-9.
1980, 100 Seiten mit 38 Abbildungen und 4 Tabellen. 43.– DM

43 **Typologie zum überbetrieblichen Vergleich von Fertigungssteuerungsverfahren im Maschinenbau**
Von G. Rabus. ISBN 3-540-10376-7.
1980, 174 Seiten mit 88 Abbildungen und 21 Tafeln. 48.– DM

44 **System zur Planung des Umlaufbestandes in Betrieben mit Serienfertigung**
Von K.-G. Wilhelm. ISBN 3-540-10377-5.
1980, 142 Seiten mit 67 Abbildungen und 15 Tafeln. 48.– DM

45 **Rechnerunterstützte Arbeitsplanerstellung mit Kleinrechnern, dargestellt am Beispiel der Blechbearbeitung**
Von W. Hoheisel. ISBN 3-540-10505-0.
1981, 169 Seiten mit 74 Abbildungen. 48.– DM

46 **Beitrag zur Verbesserung der Wirtschaftlichkeit EDV-unterstützter Fertigungssteuerungssysteme durch Schwachstellenanalyse**
Von J. Lienert. ISBN 3-540-10506-9.
1981, 148 Seiten mit 37 Abbildungen. 48.– DM

47 **Die Abscheidung von Öl an Entlüftungsöffnungen drucklufttechnischer Anlagen**
Von W.-D. Kiessling. ISBN 3-540-10604-9.
1981, 117 Seiten mit 48 Abbildungen und 3 Tabellen. 43.– DM

48 **Dynamische Optimierung technisch-ökonomischer Systeme**
Von J. Warschat. ISBN 3-540-10717-7.
1981, 132 Seiten mit 60 Abbildungen. 43.– DM

49 **Bildsensor zur Mustererkennung und Positionsmessung bei programmierbaren Handhabungsgeräten**
Von H. Geißelmann. ISBN 3-540-10735-5.
1981, 125 Seiten mit 52 Abbildungen. 43.– DM

50 **Verfügbarkeitsberechnung für komplexe Fertigungseinrichtungen**
Von Ekkehard Gericke. ISBN 3-540-10779-7.
1981, 132 Seiten mit 71 Abbildungen. 43.– DM

51 **Materialflußgestaltung in Fertigungssystemen**
Von Willi Rößner. ISBN 3-540-10888-2.
1981, 149 Seiten mit 76 Abbildungen. 48.– DM

52 **Beitrag zur Analyse der Auswirkungen der Mikroelektronik, dargestellt am Beispiel der Büromaschinen-Industrie**
Von Werner Neubauer. ISBN 3-540-10991-9.
1981, 145 Seiten mit 27 Abbildungen und 47 Tabellen. 43.– DM

53 **Modelle von Informationssystemen zur kurzfristigen Fertigungssteuerung und ihre Gestaltung nach betriebsspezifischen Gesichtspunkten**
Von Roland Gentner. ISBN 3-540-10992-7.
1981, 181 Seiten mit 69 Abbildungen und 7 Tabellen. 48.– DM

54 **Entwicklung von Verfahren zur Terminplanung und -steuerung bei flexiblen Montagesystemen**
Von Jürgen H. Kölle. ISBN 3-540-11227-8.
1981, 132 Seiten mit 64 Abbildungen und 1 Faltplan. 43.– DM

55 **Arbeits- und Kapazitätsteilung in der Montage**
Von Stefan Dittmayer. ISBN 3-540-11228-6.
1981, 124 Seiten und 56 Abbildungen. 43.– DM

56 **Beitrag zur systematischen Planung der Qualitätsprüfung bei Klein- und Mittelserienfertigung**
Von Herbert Babic. ISBN 3-540-11325-8
1982, 108 Seiten mit 38 Abbildungen und 7 Tabellen. 53.– DM

57 **Methode zur rechnerunterstützten Einsatzplanung von programmierbaren Handhabungsgeräten**
Von Uwe Schmidt-Streier. ISBN 3-540-11355-X.
1982, 188 Seiten mit 72 Abbildungen. 53.– DM

58 **Werkstoff- und Energiekennwerte industrieller Lackieranlagen, am Beispiel der Automobilindustrie**
Von Rainer Manfred Thiel. ISBN 3-540-11356-8.
1982, 116 Seiten mit 59 Abbildungen. 53.– DM

59 **Maßnahmen zum Verbessern der pneumatischen Lackzerstäubung – Teilchengrößenbestimmung im Spritzstrahl –**
Von Klaus Werner Thomer. ISBN 3-540-11507-2.
1982, 162 Seiten mit 94 Abbildungen und 1 Tabelle. 53.– DM

60 **Ermittlung und Bewertung von Rationalisierungsmaßnahmen im Produktionsbereich**
Von Jürgen Schilde. ISBN 3-540-11730-X.
1982, 158 Seiten mit 57 Abbildungen. 53.– DM

61 **Untersuchung von Verfahren der Reihenfolgeplanung und ihre Anwendung bei Fertigungszellen**
Von Mohamed Osman. ISBN 3-540-11747-4.
1982, 124 Seiten mit 32 Abbildungen und 3 Tabellen. 53.– DM

62 **Ein Simulationsmodell zur Planung gruppentechnologischer Fertigungszellen**
Von Volker Saak. ISBN 3-540-11747-4.
1982, 134 Seiten mit 53 Abbildungen. 53.– DM

63 **Verfahren zur technischen Investitionsplanung automatisierter Fertigungsanlagen**
Von Günter Vettin. ISBN 3-540-11747-4.
1982, 134 Seiten mit 63 Abbildungen. 53.– DM

64 **Pneumatische Sensoren zur prozeßsimultanen Messung des Werkzeugverschleißes und zur Kollisionsvermeidung beim Messerkopffräsen**
Von Wolfgang Jentner. ISBN 3-540-11747-4.
1982, 126 Seiten mit 47 Abbildungen und 6 Tabellen. 53.– DM

65 **Rechnerunterstützte Gestaltung ortsgebundener Montagearbeitsplätze, dargestellt am Beispiel kleinvolumiger Produkte**
Von Eberhard Haller. ISBN 3-540-12015-7.
1982, 130 Seiten mit 43 Abbildungen. 53.– DM

66 **Fernsehüberwachung von Schutzgasschweißvorgängen mit abschmelzender Elektrode MIG – MAG**
Von Ruprecht Niepold. ISBN 3-540-12181-7.
1983, 178 Seiten mit 73 Abbildungen und 5 Tabellen. 58.– DM

67 **Entwicklung flexibler Ordnungssysteme für die Automatisierung der Werkstückhandhabung in der Klein- und Mittelserienfertigung**
Von Karl Weiss. ISBN 3-540-12455-1.
1983, 116 Seiten mit 68 Abbildungen. 58.– DM

68 **Automatisierte Überwachungsverfahren für Fertigungseinrichtungen mit speicherprogrammierten Steuerungen**
Von Werner Eißler. ISBN 3-540-12456-X.
1983, 128 Seiten mit 66 Abbildungen. 58.– DM

69 **Prozeßüberwachung beim Galvanoformen**
Von Jürgen Wilhelm Böcker. ISBN 3-540-12457-8.
1983, 118 Seiten mit 32 Abbildungen. 58.– DM

70 **LAPEX – Ein rechnerunterstütztes Verfahren zur Betriebsmittelzuordnung**
Von Stephan Mayer. ISBN 3-540-12490-X.
1983, 162 Seiten mit 34 Abbildungen und 2 Tabellen. 58.– DM

71 **Gestaltung eines integrierten Produktionssystems für die Sortenfertigung unter Einsatz der Clusteranalyse**
Von Gerald Weber. ISBN 3-540-12650-3.
1983, 194 Seiten mit 54 Abbildungen. 58.– DM

72 **Gußputzen mit sensorgeführten, programmierbaren Handhabungsgeräten**
Von Eberhard Abele. ISBN 3-540-12651-1.
1983, 133 Seiten mit 66 Abbildungen. 58,– DM

73 **Untersuchungen zur Herstellung und zum Einsatz galvanogeformter Erodierelektroden**
Von Harald Müller. ISBN 3-540-12822-0.
1983, 148 Seiten mit 78 Abbildungen. 58,– DM

74 **Ein Beitrag zur Optimierung der Prozeßführungsstrategien automatisierter Förder- und Materialflußsysteme**
Von Hans Steffens. ISBN 3-540-12968-5.
1983. 161 Seiten mit 60 Abbildungen. 58,– DM

75 **Entwicklung eines Verfahrens zur wertmäßigen Bestimmung der Produktivität und Wirtschaftlichkeit von Personalentwicklungsmaßnahmen in Arbeitsstrukturen**
Von Christian Müller. ISBN 3-540-13041-1.
1983. 129 Seiten mit 34 Abbildungen. 58,– DM

76 **Berechnung der Gestaltänderung von Profilen infolge Strahlverschleiß**
Von Wolfgang Marx. ISBN 3-540-13054-3.
1983. 121 Seiten mit 58 Abbildungen. 58,– DM

77 **Algorithmen zur flexiblen Gestaltung der kurzfristigen Fertigungssteuerung**
Von Rudolf E. Scheiber. ISBN 3-540-13500-6.
1984, 150 Seiten mit 73 Abbildungen und 1 Tabelle. 63.– DM

78 **Galvanisieren mit moduliertem Strom**
Von Jürgen Wolfgang Mann. ISBN 3-540-13733-5.
1984, 145 Seiten und 58 Abbildungen. 63,– DM

79 **Fluoreszenzmeßverfahren zur Schmierfilmdickenmessung in Wälzlagern**
Von Wolfgang Schmutz. ISBN 3-540-13777-7.
1984, 141 Seiten und 66 Abbildungen. 63,– DM

IPA-IAO Forschung und Praxis

Berichte aus dem Fraunhofer-Institut für Produktionstechnik und Automatisierung (IPA), Stuttgart, Fraunhofer-Institut für Arbeitswirtschaft und Organisation (IAO), Stuttgart, und Institut für Industrielle Fertigung und Fabrikbetrieb der Universität Stuttgart

Herausgeber: Prof. Dr.-Ing. Dr. h. c. mult. H.-J. Warnecke und Prof. Dr.-Ing. habil. Prof. E. h. Dr. h. c. H.-J. Bullinger

---

80 **Flexibilität und Kapazität von Werkstückspeichersystemen**
Von Bernhard Graf. ISBN 3-540-13970-2.
1984, 115 Seiten mit 71 Abbildungen. 63,– DM

T1 **Flexible Fertigungssysteme**
17. IPA-Arbeitstagung zusammen mit der 3. Internationalen Konferenz „Flexible Manufacturing Systems (FMS-3)". ISBN 3-540-13807-2.
1984, 249 Seiten mit zahlreichen Abbildungen. 118,– DM

T2 **Integrierte Bürosysteme**
3. IAO-Arbeitstagung. ISBN 3-540-13978-8.
1984, 633 Seiten mit zahlreichen Abbildungen. 168,– DM

81 **Rechnerunterstützte Planung von Montageablaufstrukturen für Erzeugnisse der Serienfertigung**
Von Ernst-Dieter Ammer. ISBN 3-540-15056-0.
1985, 120 Seiten mit 1 Faltblatt und 33 Abbildungen. 63,– DM

82 **Flexibilität von personalintensiven Montagesystemen bei Serienfertigung**
Von Heinrich Vähning. ISBN 3-540-15093-5.
1985, 152 Seiten mit 49 Abbildungen. 63,– DM

83 **Ordnen von Werkstücken mit programmierbaren Handhabungsgeräten und Werkstückerkennungssensoren**
Von Ingo Schmidt. ISBN 3-540-15375-6.
1985, 111 Seiten mit 66 Abbildungen. 63,– DM

84 **Systematische Investitionsplanung**
Von Jorge Moser. ISBN 3-540-15370-5.
1985, 190 Seiten mit 69 Abbildungen. 63,– DM

T3 **Montage · Handhabung · Industrieroboter**
Internationaler MHI-Kongreß im Rahmen der Hannover-Messe '85. ISBN 3-540-15500-7.
1985, 267 Seiten mit zahlreichen Abbildungen. 128,– DM

85 **Flexible Montagesysteme – Konzeption und Feinplanung durch Kombination von Elementen**
Von Peter Konold / Bernd Weller. ISBN 3-540-15606-2.
1985, 162 Seiten mit 71 Abbildungen und 9 Tabellen. 63,– DM

T4 **Menschen · Arbeit · Neue Technologien**
4. IAO-Arbeitstagung zusammen mit der 2. Internationalen Konferenz „Human Factors in Manufacturing". ISBN 3-540-15763-8.
1985, 442 Seiten mit zahlreichen Abbildungen. 168,– DM

86 **Leitstandunterstützte kurzfristige Fertigungssteuerung bei Einzel- und Kleinserienfertigung**
Von Lothar Aldinger. ISBN 3-540-15903-7.
1985, 151 Seiten mit 49 Abbildungen und 2 Tabellen. 63,– DM

87 **Bestimmen des Bürstenverhaltens anhand einer Einzelborste**
Von Klaus Przyklenk. ISBN 3-540-15956-8.
1985, 117 Seiten mit 74 Abbildungen. 63,– DM

88 **Montage großvolumiger Produkte mit Industrierobotern**
Von Jörg Walther. ISBN 3-540-16027-2.
1985, 125 Seiten mit 58 Abbildungen. 63,– DM

89 **Algorithmen und Verfahren zur Erstellung innerbetrieblicher Anordnungspläne**
Von Wilhelm Dangelmaier. ISBN 3-540-16144-9.
1986, 268 Seiten mit 79 Abbildungen. 68,– DM

90 **Bewertung der Instandhaltung von Fertigungssystemen in der technischen Investitionsplanung**
Von Hagen U. Uetz. ISBN 3-540-16166-X.
1986, 129 Seiten mit 38 Abbildungen. 68,– DM

91 **Entgraten durch Hochdruckwasserstrahlen**
Von Manfred Schlatter. ISBN 3-540-16172-4.
1986, 167 Seiten mit 89 Abbildungen und 18 Tabellen. 68,– DM

92 **Werkstückorientierte Verfahrensauswahl zum Gußputzen mit Industrierobotern**
Von Wolfgang Sturz. ISBN 3-540-16224-0.
1986, 156 Seiten mit 59 Abbildungen. 68,– DM

93 **Verfahren zur Verringerung von Modell-Mix-Verlusten in Fließmontagen**
Von Reinhard Koether. ISBN 3-540-16499-5.
1986, 175 Seiten mit 46 Abbildungen und 1 Tabelle. 68,– DM

94 **Entwicklung und Einsatz eines interaktiven Verfahrens zur Leistungsabstimmung von Montagesystemen**
Von Günter Schad. ISBN 3-540-16978-4.
1986, 120 Seiten mit 31 Abbildungen und 1 Tabelle. 68,– DM

95 **Qualifizierung an Industrierobotern**
Von Wolfgang Bachl. ISBN 3-540-17018-9.
1986, 218 Seiten mit 30 Abbildungen. 68,– DM

96 **Rechnersimulation des Beschichtungsprozesses beim Elektrotauchlackieren – Anwendung zum Berechnen des Umgriffs**
Von Otto Baumgärtner. ISBN 3-540-17102-9.
1986, 113 Seiten mit 42 Abbildungen. 68,– DM

97 **Ergonomische Gestaltung von Rotationsstellteilen für grob- und sensomotorische Tätigkeiten**
Von Werner F. Muntzinger. ISBN 3-540-17247-5.
1986, 135 Seiten mit 51 Abbildungen und 33 Tabellen. 68,– DM

98 **Die optische Rauheitsmessung in der Qualitätstechnik**
Von R.-J. Ahlers. ISBN 3-540-17242-4.
1986, 133 Seiten mit 56 Abbildungen und 2 Tabellen. 68,– DM

99 **Maschinelle Spracherkennung zur Verbesserung der Mensch-Maschine-Schnittstelle**
Von Gerhard Rigoll. ISBN 3-540-17350-1.
1986, 134 Seiten mit 55 Abbildungen. 68,– DM

100 **Konzeption und Auswahl modularer Magazinpaletten**
Von Thomas Zipse. ISBN 3-540-17584-9.
1987, 126 Seiten mit 54 Abbildungen. 68,– DM

101 **Anschlüsse an Kupferrohre – Herstellung und Automatisierungsmöglichkeit**
Von Eberhard Rauschnabel. ISBN 3-540-17807-4.
1987, 120 Seiten mit 88 Abbildungen. 68,– DM

102 **Mengen- und ablauforientierte Kapazitätsplanung von Montagesystemen**
Von Hans Sauer. ISBN 3-540-17815-5.
1987, 156 Seiten mit 64 Abbildungen. 68,– DM

103 **Verfahrensinstrumentarium zur Werkstückauswahl und Auslegung von Industrieroboterschweißsystemen**
Von Herbert Gzik. ISBN 3-540-17928-3.
1987, 138 Seiten mit 56 Abbildungen. 68,– DM

104 **Integration von Förder- und Handhabungseinrichtungen**
Von Joachim Schuler. ISBN 3-540-17955-0.
1987, 153 Seiten mit 61 Abbildungen. 68,– DM

105 **Produktionsmengen- und -terminplanung bei mehrstufiger Linienfertigung**
Von H. Kühnle. ISBN 3-540-18038-9.
1987, 124 Seiten mit 25 Abbildungen. 68,– DM

106 **Untersuchung des Plasmaschneidens zum Gußputzen mit Industrierobotern**
Von Jong-Oh Park. ISBN 3-540-18037-0.
1987, 142 Seiten mit 70 Abbildungen. 68,– DM

107 **Fügen von biegeschlaffen Steckkontakten mit Industrierobotern**
Von Daegab Gweon. ISBN 3-540-18134-2.
1987, 115 Seiten mit 13 Abbildungen. 68,– DM

108 **Entwicklung eines biomechanischen Modells des Hand-Arm-Systems**
Von Georgios Tsotsis. ISBN 3-540-18135-0.
1987, 163 Seiten mit 45 Abbildungen. 68,– DM

109 **Ein Beitrag zur Planungssystematik für die automatisierte flexible Blechteilefertigung**
Von Thomas Weber. ISBN 3-540-18136-9.
1987, 149 Seiten mit 56 Abbildungen. 68,– DM

110 **Entwicklung eines Meßverfahrens zur Bestimmung des Positionier- und Orientierungsverhaltens von Industrierobotern**
Von Günter Schiele. ISBN 3-540-18137-7.
1987, 116 Seiten mit 48 Abbildungen. 68,– DM

111 **Schwingungsbelastung beim Arbeiten mit handgeführten, einachsigen Motormähgeräten**
Von Peter Kern. ISBN 3-540-18193-8.
1987, 145 Seiten mit 43 Abbildungen und 5 Tabellen. 68,– DM

112 **Entwicklung eines berührungslosen Tastsystems für den Einsatz an Koordinatenmeßgeräten**
Von Hie-Sik Kim. ISBN 3-540-18578-X.
1987, 111 Seiten mit 62 Abbildungen und 4 Tabellen. 68,– DM

113 **Qualifizierung an Industrierobotern – Ziele, Inhalte und Methoden**
Von Volker Korndörfer. ISBN 3-540-18618-2.
1987, 318 Seiten mit 100 Abbildungen. 68,– DM

114 **Funktional und räumlich variables und modulares Laborgerätesystem**
Von Alfred Mack. ISBN 3-540-18786-3.
1988, 116 Seiten mit 39 Abbildungen. 73,– DM

115 **Produktrecycling im Maschinenbau**
Von Rolf Steinhilper. ISBN 3-540-18849-5.
1988, 167 Seiten mit 50 Abbildungen. 73,– DM

116 **Integration der montagegerechten Produktgestaltung in den Konstruktionsprozeß**
Von Rudolf Bäßler. ISBN 3-540-19058-9.
1988, 133 Seiten mit 49 Abbildungen. 73,– DM

117 **Ein Algorithmus zur kapazitätsorientierten Bildung von Losen**
Von Tilmann Greiner. ISBN 3-540-19300-6.
1988, 135 Seiten mit 37 Abbildungen. 73,– DM

118 **Kabelbaummontage mit Industrierobotern**
Von Gerd Schlaich. ISBN 3-540-19301-4.
1988, 131 Seiten mit 62 Abbildungen. 73,– DM

119 **Beitrag zur Verbesserung der Fertigungskostentransparenz bei Großserienfertigung mit Produktvielfalt**
Von Albrecht Köhler. ISBN 3-540-19393-6.
1988, 148 Seiten mit 72 Abbildungen. 73,– DM

120 **Entwicklungs- und Planungshilfen zum Aufbau von flexiblen Ordnungssystemen**
Von Rainer Schanz. ISBN 3-540-19394-4.
1988, 104 Seiten mit 48 Abbildungen. 73,– DM

121 **Bestücken von Leiterplatten mit Industrierobotern**
Von Ernst Wolf. ISBN 3-540-50013-8.
1988, 132 Seiten mit 63 Abbildungen. 73,– DM

122 **Verschleißvorgänge beim Querschneiden dünner Bahnen**
Von Thomas Hülsmann. ISBN 3-540-50049-9.
1988, 126 Seiten mit 47 Abbildungen und 5 Tabellen. 73,– DM

123 **Geometrieprüfung in der Fertigungsmeßtechnik mit bildverarbeitenden Systemen**
Von Claus P. Keferstein. ISBN 3-540-50050-2.
1988, 128 Seiten mit 53 Abbildungen. 73,– DM

124 **Modulares Simulationsmodell für die Abläufe in verketteten Fertigungszellen mit Industrierobotern**
Von Kum-Hoan Kuk. ISBN 3-540-50069-3.
1988, 130 Seiten mit 57 Abbildungen. 73,– DM

125 **Montage von Schläuchen mit Industrierobotern**
Von Bruno Frankenhauser. ISBN 3-540-50072-3.
1988, 139 Seiten mit 63 Abbildungen. 73,– DM

126 **Kommissioniersystem mit Roboter und Mehrstückgreifer**
Von Klaus Baumeister. ISBN 3-540-50133-9.
1988, 104 Seiten mit 53 Abbildungen. 73,– DM

127 **Sensorunterstütztes Programmierverfahren für das Entgraten mit Industrierobotern**
Von Dieter Boley. ISBN 3-540-50175-4.
1988, 128 Seiten mit 67 Abbildungen. 73,– DM

128 **Die Arbeitsraumgestaltung manueller Montagearbeitsplätze mit graphischen und wissensbasierten Methoden**
Von Klaus Lay. ISBN 3-540-50259-9.
1988, 129 Seiten mit 50 Abbildungen und 7 Tabellen. 73,– DM

129 **Automatisierung des Biegerichtens**
Von Stefan Thiel. ISBN 3-540-50432-X.
1988, 142 Seiten mit 57 Abbildungen und 5 Tabellen. 73,– DM

130 **Rechnergestützte Verfahren zur Auslegung der Mechanik von Industrierobotern**
Von Martin-Christoph Wanner. ISBN 3-540-50640-3.
1989, 202 Seiten mit 80 Abbildungen. 73,– DM

131 **Entwicklung eines bestandsorientierten Fertigungssteuerungssystems für die Großserienfertigung am Beispiel des Automobilbaus**
Von G. Hachtel. ISBN 3-540-50639-X.
1989, 163 Seiten mit 34 Abbildungen und 6 Tabellen. 73,– DM

132 **Ergonomische Gestaltung der Benutzerschnittstelle am Antriebssystem des Greifreifenrollstuhls**
Von Ludwig Traut. ISBN 3-540-50877-5.
1989, 210 Seiten mit 127 Abbildungen. 73,– DM

133 **Planung taktzeitoptimierter flexibler Montagestationen**
Von Joachim Schöninger. ISBN 3-540-50896-1.
1989, 122 Seiten mit 47 Abbildungen. 73,– DM

134 **Ein Modell für ein integriertes Qualitäts- und Prüfplanungssystem in der Montage**
Von Josef R. Kring. ISBN 3-540-51195-4.
1989, 140 Seiten mit 60 Abbildungen. 73,– DM

135 **Fertigungsstrukturierung auf der Basis von Teilefamilien**
Von Manfred Auch. ISBN 3-540-51290-X.
1989, 138 Seiten mit 34 Abbildungen. 73,– DM

136 **Kollisionsbehandlung als Grundbaustein eines modularen Industrieroboter-Off-line-Programmiersystems**
Von Andreas Altenhein. ISBN 3-540-51418-X.
1989, 129 Seiten mit 53 Abbildungen. 73,– DM

137 **Ein Beitrag zur Planung und Bewertung Neuer Arbeitsstrukturen in NE-Metallgießereien Dargestellt am Beispiel der Fertigungsinsel**
Von Horst Nespeta. ISBN 3-540-51419-8.
1989, 157 Seiten mit 58 Abbildungen. 73,– DM

138 **Verfahren zur Prüfung der Partikelkontamination in Versorgungssystemen für hochreine Flüssigkeiten**
Von Rolf Herz. ISBN 3-540-51457-0.
1989, 123 Seiten mit 61 Abbildungen. 73,– DM

139 **Messung gekrümmter Flächen mit berührungslosen Verfahren**
Von Leo Schreiber. ISBN 3-540-51493-7.
1989, 119 Seiten mit 72 Abbildungen. 73,– DM

140 **Automatisiertes Lackieren mit steuerbaren Spritzpistolen**
Von Konrad A. Ortlieb. ISBN 3-540-51518-6.
1989, 121 Seiten mit 45 Abbildungen. 73,– DM

141 **Grundlagen zur Entwicklung reinraumtauglicher Handhabungssysteme**
Von Jürgen Geißinger. ISBN 3-540-51959-9.
1989, 124 Seiten mit 82 Abbildungen. 73,– DM

142 **CAD-Video-Somatographie**
Entwicklung und Bewertung einer Methode zur anthropometrischen Arbeitsgestaltung
Von Dieter Lorenz. ISBN 3-540-52163-1.
1989, 169 Seiten mit 61 Abbildungen. 73,– DM

143 **Eine Systemarchitektur für die Gestaltung und das Management verteilter Informationssysteme**
Von Andreas J. Ness. ISBN 3-540-52224-7.
1990, 203 Seiten mit 62 Abbildungen. 78,– DM

144 **Untersuchungen über den optisch-physiologischen Eindruck der Oberflächenstruktur von Lackfilmen**
Von Horst Schene. ISBN 3-540-52226-3.
1990, 149 Seiten mit 106 Abbildungen. 78,– DM

145 **Planungsmethodik für ein Qualitätskostensystem**
Von Alfred Rauba. ISBN 3-540-52477-0.
1990, 166 Seiten mit 73 Abbildungen. 78,– DM

146 **Kleinserienbestückung von Leiterplatten mit bedrahteten Bauelementen durch Industrieroboter**
Von Martin Domm. ISBN 3-540-52867-9.
1990, 106 Seiten mit 48 Abbildungen. 78,– DM

147 **Sensor- und Steuerungssystem für die leitlinienlose Führung automatischer Flurförderzeuge**
Von Gerhard Drunk. ISBN 3-540-53033-9.
1990, 135 Seiten mit 52 Abbildungen. 78,– DM

148 **Ein System zur wissensbasierten Diagnose an CNC-Werkzeugmaschinen durch den Maschinenbediener**
Von Klaus-Peter Fähnrich. ISBN 3-540-53034-7.
1990, 132 Seiten mit 48 Abbildungen und 18 Tabellen. 78,– DM

149 **Werkstückbegleitender Informationsspeicher als Basis für ein informationstechnisches Konzept für Halbleiterfertigungen**
Von Klaus-Dieter Sauter. ISBN 3-540-53236-6.
1990, 115 Seiten mit 55 Abbildungen. 78,– DM

150 **Ein Planungsverfahren zur Erkennung und Bewältigung von Material- und Kapazitätsengpässen bei mehrstufiger Linienfertigung**
Von Ralf-Michael Fuchs. ISBN 3-540-53271-4.
1990, 176 Seiten mit 65 Abbildungen. 78,– DM

151 **Montage von Schrauben mit Industrierobotern**
Von Gernot E. Fischer. ISBN 3-540-53519-5.
1990, 97 Seiten mit 37 Abbildungen. 78,– DM

152 **Flächenorientierte Termin- und Kapazitätsplanung bei innerbetrieblicher Baustellenfertigung**
Von Rolf Schlauch. ISBN 3-540-53584-5.
1990, 130 Seiten mit 53 Abbildungen. 78,– DM

153 **Wissensbasierte Entscheidungsunterstützung bei der Auswahl von Industrierobotern**
Von Günter Jordan. ISBN 3-540-53744-9.
1991, 116 Seiten mit 49 Abbildungen. 78,– DM

154 **Simulationssystem für Fertigungsprozesse mit Stückgutcharakter**
Ein gegenstandsorientiertes System mit parametrisierter Netzwerkmodellierung
Von Bernd-Dietmar Becker. ISBN 3-540-53847-X.
1991, 162 Seiten mit 48 Abbildungen und 47 Tabellen. 78,– DM

155 **Algorithmen der Sprachverarbeitung zur Entwicklung eines vollsynthetischen Sprachausgabesystems**
Von Gerhard Rigoll. ISBN 3-540-53870-4.
1991, 321 Seiten mit 235 Abbildungen. 78,– DM

156 **Wissensbasierte CAD-Systemkomponente zum Entwurf montagegerechter Produkte**
Von Ralph Richter. ISBN 3-540-54725-8.
1991, 137 Seiten mit 56 Abbildungen. 78,– DM

157 **Heftschweißverfahren für das Lagefixieren von Werkstücken beim Schutzgasschweißen mit Industrierobotern**
Von Carsten Martin Claussen. ISBN 3-540-54951-X.
1991, 140 Seiten mit 43 Abbildungen. 78,– DM

158 **Ein Beitrag zur Meßdatenverarbeitung in der Koordinatenmeßtechnik**
Von Thomas Garbrecht. ISBN 3-540-55030-5.
1991, 135 Seiten mit 94 Abbildungen und 5 Tabellen. 78,– DM

159 **Ein Beitrag zur Planung und Optimierung der Verfahrensteilung in der Fertigung**
Von Hans-Peter Roth. ISBN 3-540-55113-1.
1992, 130 Seiten mit 50 Abbildungen. 78,– DM

160 **Flexible Montage von Leitungssätzen mit Industrierobotern**
Von Herbert H. Emmerich ISBN 3-540-55227-8.
1992, 135 Seiten mit 70 Abbildungen. 88,– DM

161 **Toleranzausgleichssysteme für Industrieroboter am Beispiel des feinwerktechnischen Bolzen-Loch-Problems**
Von Uwe Schweigert ISBN 3-540-55228-6.
1992, 119 Seiten mit 61 Abbildungen. 88,– DM

162 **Entwicklung eines interaktiven Simulators auf der Basis von Petri-Netzen zur Modellierung und Bewertung hybrider Montagestrukturen**
Von W. Schweizer ISBN 3-540-55229-4.
1992, 159 Seiten mit 76 Abbildungen. 88,– DM

163 **Entwicklung eines Verfahrens zur rechnerunterstützten Gestaltung verteilter Informationssysteme**
Von Friedemann Reim ISBN 3-540-55269-3.
1992, 151 Seiten mit 43 Abbildungen. 88,– DM

164 **EDV-gestützte Planungs- und Entscheidungshilfen zur Auslegung von Produktionsstrukturen mit strukturkostenoptimierten Dezentralen Verantwortungsbereichen**
Von Ulrich Hallwachs ISBN 3-540-55477-7.
1992, 186 Seiten mit 66 Abbildungen. 88,– DM

165 **Strömungstechnische Auslegung reinraumtauglicher Fertigungseinrichtungen**
Von Elmar Degenhart ISBN 3-540-55478-5.
1992, 137 Seiten mit 72 Abbildungen. 88,– DM

166 **Synthese und Simulation dreidimensionaler Hand-Arm-Bewegungen an manuellen Montagearbeitsplätzen**
Von Raimund Menges ISBN 3-540-55752-0.
1992, 215 Seiten mit 70 Abbildungen. 88,– DM

167 **Bewertung inhomogener fraktaler Strukturen und Skalenanalyse von Texturen**
Von Uwe Müssigmann ISBN 3-540-55796-2.
1992, 99 Seiten mit 43 Abbildungen. 88,– DM

168 **Ein Informationssystem für Instandhaltungsleitstellen**
Von Wilfried Sihn ISBN 3-540-55853-5.
1992, 167 Seiten mit 67 Abbildungen. 88,– DM

169 **Verfahren zum automatischen Palettieren von quaderförmigen Packstücken im beliebigen Sortenmix**
Von Walter Michael Strommer ISBN 3-540-55922-1.
1992, 105 Seiten mit 47 Abbildungen. 88,– DM

170 **Planung der Kinematik von Industrierobotersystemen zum Schutzgasschweißen im Schiffbau**
Von Wolfgang Utner ISBN 3-540-55923-X.
1992, 134 Seiten mit 31 Abbildungen und 3 Tabellen. 88,– DM

171 **Montage von Pressverbindungen mit Industrierobotern**
Von Günther Würtz ISBN 3-540-56300-8.
1992, 124 Seiten mit 55 Abbildungen. 88,– DM

172 **Rationalisierungspotential der montagegerechten Produktgestaltung bei der Montage mit Industrierobotern**
Von Thomas Schmaus ISBN 3-540-56400-4.
1992, 122 Seiten mit 55 Abbildungen. 88,– DM

173 **Erhöhung der Variantenflexibilität in Mehrmodell-Montagesystemen durch ein Verfahren zur Leistungsabstimmung**
Von Felix Fremerey ISBN 3-540-56549-3.
1993, 150 Seiten mit 38 Abbildungen und 6 Tabellen. 88,– DM

174 **Automatische Montage von O-Ringen**
Von Johannes F. Wößner ISBN 3-540-56657-0.
1993, 94 Seiten mit 43 Abbildungen. 88,– DM

175 **Systeme kombinierter multimodaler Mensch-Rechner-Interaktionen**
Von Karl-Heinz Hanne ISBN 3-540-56687-2.
1993, 131 Seiten mit 46 Abbildungen. 88,– DM

176 **Regelbasiertes Verfahren zur Montageablaufplanung in der Serienfertigung**
Von Klaus Thaler ISBN 3-540-56829-8.
1993, 132 Seiten mit 63 Abbildungen. 88,– DM

177 **Rechnergestütztes Bediensystem für einen Telemanipulator zur Sanierung von gemauerten Abwasserkanälen**
Von Kurt Alexander Schließmann ISBN 3-540-56875-1.
1993, 135 Seiten mit 57 Abbildungen und 7 Tabellen. 88,– DM

178 **Konturantastende und optoelektronische Koordinatenmeßgeräte für den industriellen Einsatz**
Von Wolfgang Rauh ISBN 3-540-56876-X.
1993, 124 Seiten mit 43 Abbildungen. 88,– DM

179 **Konzeption für ein Sensor- und Steuerungssystem zur automatischen Führung eines Walzenschrämladers entlang der Grenzlinie von Kohle und Nebengestein**
Von Stephan Matthias Forster ISBN 3-540-57159-0.
1993, 147 Seiten mit 63 Abbildungen. 88,– DM

180 **Ein dreidimensionales Bildverarbeitungssystem für die Automatisierung visueller Prüfvorgänge**
Von Jianzhong Lu ISBN 3-540-57160-4.
1993, 113 Seiten mit 45 Abbildungen und 2 Tabellen. 88,– DM

181 **Erschließung technischer und organisatorischer Potentiale durch die Komplettbearbeitung auf Drehmaschinen mit Hilfe der Teileanalyse**
Von Helmut Schaal ISBN 3-540-57212-0.
1993, 126 Seiten mit 42 Abbildungen und 2 Tabellen. 88,– DM

182 **Prüfverfahren zur Untersuchung der Partikelreinheit technischer Oberflächen**
Von Bernhard Klumpp ISBN 3-540-57302-X.
1993, 108 Seiten mit 50 Abbildungen. 88,– DM

183 **Automatisierung der Justage von Drehankerrelais**
Von G. Krüll ISBN 3-540-57303-8.
1993, 113 Seiten mit 59 Abbildungen. 88,– DM

184 **Prozeßstrukturen der chemischen Vernickelung**
Von Hans Gut ISBN 3-540-57304-6.
1993, 108 Seiten mit 37 Abbildungen und 5 Tabellen. 88,– DM

185 **Ein Verfahren zur Konstruktion anwendungoptimierter Ultraschallsensoren auf der Basis von Schallkanälen**
Von Achim Langen ISBN 3-540-57376-3.
1993, 140 Seiten mit 72 Abbildungen. 88,– DM

186 **Ein rechnerunterstütztes System für die technische Dokumentation und Übersetzung**
Von Renate Mayer ISBN 3-540-57409-3.
1993, 126 Seiten mit 59 Abbildungen. 88,– DM

187 **Theoretische und experimentelle Untersuchungen an dreidimensionalen Wirbelströmungen für industrielle Absauganlagen**
Von Wolf-Jürgen Denner ISBN 3-540-57410-7.
1993, 141 Seiten mit 78 Abbildungen und 10 Tabellen. 88,– DM

188 **Planungsmethodik für den Aufbau von Qualitätssicherungssystemen in kleinen und mittleren Produktionsunternehmen**
Von Rainer Hummel ISBN 3-540-57727-0.
1993, 221 Seiten mit 114 Abbildungen und 6 Tabellen. 88,– DM

189 **Plasmamodifikation von Kunststoffoberflächen zur Haftfestigkeitssteigerung von Metallschichten**
Von Dieter Andreas Mann ISBN 3-540-57745-9.
1994, 133 Seiten mit 83 Abbildungen und 6 Tabellen. 88,– DM

190 **Softwareentwicklung für speicherprogrammierbare Steuerungen im integrierten, rechnergestützten Konstruktionsprozeß**
Von Kornelius Hengel ISBN 3-540-57765-3.
1994, 133 Seiten mit 48 Abbildungen. 88,– DM

191 **Vorrichtungssysteme für die flexibel automatisierte Montage**
Von Armin Willy ISBN 3-540-57784-X.
1994, 121 Seiten mit 60 Abbildungen. 88,– DM

192 **Wissensbasiertes Selbstheilungs- und Diagnosesystem für CNC-Koordinatenmeßgeräte**
Von Wilhelm Steger ISBN 3-540-57829-3.
1994, 147 Seiten mit 79 Abbildungen. 88,– DM

193 **Modell für ein rechnerunterstütztes Qualitätssicherungssystem gemäß DIN ISO 9000 ff.**
Von Ulrich Lübbe ISBN 3-540-57831-5.
1994, 152 Seiten mit 59 Abbildungen. 88,– DM

194 **Vorgehenssystematik zum Prototyping graphisch-interaktiver Audio/Video-Schnittstellen**
Von Claus Görner ISBN 3-540-57886-2.
1994, 181 Seiten mit 66 Abbildungen. 88,– DM

195 **Bewertung von Rechnerinvestitionen durch den Vergleich von Wertschöpfungsketten**
Von Christian F. Mayer ISBN 3-540-57969-9.
1994, 144 Seiten mit 45 Abbildungen und 24 Tabellen. 88,– DM

196 **Ein Verfahren zur kostenorientierten Produktionsprogramm- und Kapazitätsplanung bei losweiser Montage**
Von J. Kurz ISBN 3-540-57971-0.
1994, 124 Seiten mit 26 Abbildungen und 3 Tabellen. 88,– DM

197 **Direktmontage von Leitungen mit Industrierobotern**
Von Stefan Koller ISBN 3-540-58224-X.
1994, 105 Seiten mit 52 Abbildungen. 88,– DM

198 **Eine objektorientierte Architektur für Leitstände zur Feinplanung**
Von Thomas Otterbein ISBN 3-540-58273-8.
1994, 183 Seiten mit 90 Abbildungen. 88,– DM

199 **Erhöhung der Fertigungssicherheit und -qualität beim Hochdruckwasserstrahlen durch den Einsatz von Sensoren**
Von Michael Knaupp ISBN 3-540-58440-4.
1994, 117 Seiten mit 101 Abbildungen. 88,– DM

200 **Verfahren zur Bewertung von Auftrags-Durchlaufzeiten in den indirekt-produktiven Bereichen von Maschinenbau-Unternehmen**
Von Robert Müller ISBN 3-540-58478-1.
1994, 152 Seiten mit 32 Abbildungen. 88,– DM

201 **Verfahrensprüfstand für das Bearbeiten mit Industrierobotern**
Von Peter Schlaich ISBN 3-540-58510-9.
1994, 114 Seiten mit 60 Abbildungen. 88,– DM

202 **Entwicklung und Optimierung von Prozeßkomponenten zur ionenunterstützten Abscheidung bei PVD-Verfahren**
Von Walter Olbrich ISBN 3-540-58511-7.
1994, 126 Seiten mit 62 Abbildungen und 7 Tabellen. 88,– DM

203 **Verfahren der Konturanalyse zur Automatisierung visueller Prüfvorgänge**
Von Knut Kille ISBN 3-540-58513-3.
1994, 105 Seiten mit 50 Abbildungen und 15 Tabellen. 88,– DM

204 **Verfahren zur Verbesserung der Ausfallsicherheit verteilter Informationssysteme**
Von Helmut Meitner ISBN 3-540-58623-7.
1995, 196 Seiten mit 54 Abbildungen und 13 Tabellen. 88,– DM

205 **Ein unscharfes Planungsverfahren zur mittelfristigen Personalkapazitätsanpassung für die bedarfsorientierte Serienproduktion**
Von Hans-Jürgen Braun ISBN 3-540-58819-1.
1995, 164 Seiten mit 40 Abbildungen und 10 Tabellen. 88,– DM

206 **Rechnergestützte Auslegungsverfahren für Großmanipulatoren mit Gelenkarmkinematik**
Von Werner Engeln ISBN 3-540-58871-X.
1995, 135 Seiten mit 52 Abbildungen und 18 Tabellen. 88,– DM

207 **Montagestrukturplanung für variantenreiche Serienprodukte**
Von Ulrich Zeile ISBN 3-540-58937-6.
1995, 122 Seiten mit 65 Abbildungen. 88,– DM

208 **Entwicklung eines objektorientierten Informationssystems zur optimierten Werkstoffauswahl**
Von Dietmar R. Fischer ISBN 3-540-58938-4.
1995, 193 Seiten mit 37 Abbildungen und 14 Tabellen. 88,– DM

209 **Entwicklung einer flexibel automatisierten Nähanlage**
Von Oliver Krockenberger ISBN 3-540-58939-2.
1995, 122 Seiten mit 75 Abbildungen. 88,– DM

210 **Ultraschallbahnschweißen von Kunststoffteilen mit Industrierobotern**
Von Thomas Wagner ISBN 3-540-58940-6.
1995, 93 Seiten mit 37 Abbildungen. 88,– DM

211 **Flexibel automatisierte Montage hochpoliger Rundkabel**
Von Ralf Cramer ISBN 3-540-58979-1.
1995, 116 Seiten mit 59 Abbildungen. 88,– DM

212 **Automatische Reparatur elektronischer Baugruppen**
Von Thomas Leicht ISBN 3-540-59015-3.
1995, 99 Seiten mit 46 Abbildungen. 88,– DM

213 **Montage von Schlauchschellen mit Industrierobotern**
Von Herbert Dreher ISBN 3-540-59035-8.
1995, 103 Seiten mit 63 Abbildungen. 88,– DM

214 **Arbeitsprogrammgenerierung zum Schutzgasschweißen mit Industrierobotersystemen im Schiffbau**
Von Peter Schmid ISBN 3-540-59058-7.
1995, 131 Seiten mit 42 Abbildungen. 88,– DM

215 **Flexible Demontage mit dem Industrieroboter am Beispiel von Fernsprech-Endgeräten**
Von Martin Kahmeyer ISBN 3-540-59390-X.
1995, 99 Seiten mit 52 Abbildungen. 88,– DM

216 **Der logisch-pragmatische Gebrauch von Konditionalsätzen. Eine dialog-logische Analyse**
Von Antonius Jacobus Maria van Hoof ISBN 3-540-59463-9.
1995, 146 Seiten mit 65 Abbildungen. 88,– DM

217 **Arbeits- und organisationspsychologische Interventionen bei der Einführung von Gruppenarbeit in dezentral ausgerichteten Fertigungsinseln**
Von Manfred Schlund ISBN 3-540-60012-4.
1995, 426 Seiten mit 24 Abbildungen und 29 Tabellen. 88,– DM

218 **Herstellung geformter Schläuche mit Formdornen aus Formgedächtnislegierung**
Von Thomas Weisener ISBN 3-540-60019-1.
1995, 88 Seiten mit 48 Abbildungen. 88,– DM

219 **Benutzerwerkzeuge an Fertigungssteuerungs-Leitständen**
Von Manfred Kroneberg ISBN 3-540-60096-5.
1995, 154 Seiten mit 84 Abbildungen. 88,– DM

220 **Werkstattsteuerung mit genetischen Algorithmen und simulativer Bewertung**
Von Jörg Schulte ISBN 3-540-60281-X.
1995, 163 Seiten mit 55 Abbildungen und 7 Tabellen. 88,– DM

221 **Ein Verfahren zur automatischen Generierung von softwareergonomisch gestalteten Benutzungsoberflächen**
Von Anette Weisbecker ISBN 3-540-60242-9.
1995, 140 Seiten mit 38 Abbildungen und 48 Tabellen. 88,– DM

222 **Verfahren zur Reduzierung der Hand-Arm-Schwingungsbelastung an Trennschleifern**
Von Rainer Eckert ISBN 3-540-60282-8.
1995, 187 Seiten mit 80 Abbildungen und 23 Tabellen. 88,– DM

223 **Individualisierbare heuristische Einplanung für rechnerbasierte Leitstände**
Von Andreas Huthmann ISBN 3-540-60424-3.
1995, 137 Seiten mit 74 Abbildungen. 88,– DM

224 **Recycling von Wasserlackoverspray durch Elektrophorese**
Von Klaus Berewinkel ISBN 3-540-60519-3.
1996, 177 Seiten mit 75 Abbildungen. 88,– DM

225 **Wissensbasierte Programmierung von Industrierobotern zum Schutzgasschweißen im Stahlhochbau**
Von Christoph Hartfuss ISBN 3-540-60661-0.
1996, 123 Seiten mit 48 Abbildungen. 88,– DM

226 **Verfahren zur Gestaltung rechnergestützter Büroprozesse**
Von Michael Rathgeb ISBN 3-540-60660-2.
1996, 278 Seiten mit 69 Abbildungen. 88,– DM

227 **Dialogentwicklung für objektorientierte, graphische Benutzungsschnittstellen**
Von Christian Janssen ISBN 3-540-60719-6.
1996, 154 Seiten mit 70 Abbildungen und 4 Tabellen. 88,– DM

228 **Bewertung und Verbesserung der fertigungsgerechten Gestaltung von Blechwerkstücken**
Von Ulrich Abele ISBN 3-540-61019-7.
1996, 184 Seiten mit 72 Abbildungen. 88,– DM

229 **Merkmalsbasierte Definition von Freiformgeometrien auf der Basis räumlicher Punktwolken**
Von Sabine Roth-Koch ISBN 3-540-61020-0.
1996, 145 Seiten mit 68 Abbildungen. 88,– DM

230 **Fokussierung im Dialog: Aspekte der Fokusintonation im Deutschen**
Von Joachim Machate ISBN 3-540-61165-7.
1996, 155 Seiten mit 22 Abbildungen und 22 Tabellen. 88,– DM

231 **Qualitätsgerechte Auslegung flexibler Produktionssysteme mit Hilfe von Simulation**
Von Egbert Englert ISBN 3-540-61277-7.
1996, 126 Seiten mit 60 Abbildungen. 88,– DM

232 **Projektierungsverfahren für technische Software dargestellt an wissensbasierten Systemen**
Von Eberhard Kurz ISBN 3-540-61426-5.
1996, 129 Seiten mit 57 Abbildungen. 88,– DM

233 **Typologie zur systematischen Gestaltung der Arbeitsorganisation für Flexible Fertigungssysteme**
Von Sabine Stephan ISBN 3-540-61465-6.
1996, 186 Seiten mit 39 Abbildungen und 63 Tabellen. 88,– DM

234 **Entwicklung eines Werkzeuges zum Störungsmanagement in der Produktionsregelung**
Von Rainer Bamberger ISBN 3-540-61515-6.
1996, 157 Seiten mit 92 Abbildungen. 88,– DM

235 **Ein Verfahren zur automatischen Generierung von Steuerprogrammen für Roboterfahrzeuge**
Von Joachim Müllerschön ISBN 3-540-61514-8.
1996, 140 Seiten mit 79 Abbildungen. 88,– DM

236 **Automatische Kalibrierung der koppelnden Ortung mobiler Plattformen**
Von Achim Merklinger ISBN 3-540-61632-2.
1996, 106 Seiten mit 36 Abbildungen und 25 Tabellen. 88,– DM

237 **Händigkeitsgerechte Gestaltung der Mensch-Maschine-Schnittstelle**
Von Martin Schmauder ISBN 3-540-61657-8.
1996, 141 Seiten mit 44 Abbildungen und 9 Tabellen. 88,– DM

238 **Ein simulationsgestütztes Verfahren zur Wirtschaftlichkeitsbestimmung von Fertigungsprozessen mit Stückgutcharakter**
Von Erhard Vollmer ISBN 3-540-62408-2.
1996, 111 Seiten mit 10 Abbildungen und 22 Tabellen. 88,– DM

239 **Ein Verfahren zur reportbasierten Diagnose von technischen Maschinenstörungen in der Instandhaltung**
Von Walter Wincheringer ISBN 3-540-62410-4.
1996, 169 Seiten mit 61 Abbildungen. 88,– DM

240 **Eine Vorgehensweise zum objektorientierten Entwurf graphisch-interaktiver Informationssysteme**
Von Jürgen Ziegler ISBN 3-540-62547-X.
1997, 146 Seiten mit 36 Abbildungen und 20 Tabellen. 88,– DM

241 **Zur Fehlerkompensation und Bahnkorrektur für eine mobile Großmanipulator-Anwendung**
Von Klaus Dieter Rupp ISBN 3-540-62625-5.
1997, 140 Seiten mit 48 Abbildungen und 17 Tabellen. 88,– DM

242 **Entwicklung eines QFD-gestützten Verfahrens zur Produktplanung und -entwicklung für kleine und mittlere Unternehmen**
Von Jürgen Hoffmann ISBN 3-540-62638-7.
1997, 158 Seiten mit 89 Abbildungen. 88,– DM

243 **Ein Verfahren zur flexiblen Fertigungsführung eines Fertigungssystems für Kleinserien mit unterschiedlich autonomen Arbeitsstationen**
Von Rainer Kämpf ISBN 3-540-62653-0.
1997, 174 Seiten mit 68 Abbildungen. 88,– DM

244 **Flexibel automatisiertes Taumelnieten**
Von Wolf-Dietrich Schneider ISBN 3-540-62654-9.
1997, 88 Seiten mit 43 Abbildungen. 88,– DM

245 **Verfahren zur Erkennung unfallträchtiger Verkantungsfälle bei handgeführten Trennschleifern**
Von Christoph Bolay ISBN 3-540-62767-7.
1997, 170 Seiten mit 71 Abbildungen. 88,– DM

246 **Rechnergestütztes Sourcingsystem für spanende Fertigungskapazitäten klein- und mittelständischer Unternehmen**
Von Jürgen Funk ISBN 3-540-62815-0.
1997, 106 Seiten mit 63 Abbildungen. 88,– DM

247 **Bahnlöten von Blechgehäusen mit Industrierobotern**
Von Manfred Gaul ISBN 3-540-63064-3.
1997, 114 Seiten mit 52 Abbildungen. 88,– DM

248 **Ein Verfahren zur Optimierung der Kraftwerksrevisionsplanung und -durchführung**
Von Siegfried Stender ISBN 3-540-63168-2.
1997, 160 Seiten mit 36 Abbildungen. 88,– DM

249 **Ein Verfahren zur Analyse von Problemen der Ressourcenabstimmung auf Basis synergetischer Mustererkennung**
Von Stefan König ISBN 3-540-63226-3.
1997, 136 Seiten mit 43 Abbildungen. 88,– DM

250 **Ein objektorientiertes Modell zur Abbildung von Produktionsverbünden in Planungssystemen**
Von Hans-Peter Laubscher ISBN 3-540-63295-6.
1997, 158 Seiten mit 98 Abbildungen. 88,– DM

251 **Regelmechanismen für die Formsicherung im Automobilbau**
Von Franz Eberle ISBN 3-540-63325-1.
1997, 122 Seiten mit 53 Abbildungen und 22 Tabellen. 88,– DM

252 **Entwicklung von Datenmodellen für ein objektorientiertes Engineering Data Management System zur Unterstützung von teamorientierten Organisationsformen**
Von Frank Marcial ISBN 3-540-63340-5.
1997, 216 Seiten mit 76 Abbildungen und 26 Tabellen. 88,– DM

253 **Verfahren zur Konzeption automatischer reinraumtauglicher Fertigungsanlagen und -zellen**
Von Ralf Kaun ISBN 3-540-63447-9.
1997, 160 Seiten mit 88 Abbildungen. 88,– DM

254 **Ein Planungsverfahren zur Kapazitätsabstimmung für Modell-Mix-Montagelinien am Beispiel einer Automobil-Endmontage**
Von Norbert Leopold ISBN 3-540-63520-3.
1997, 130 Seiten mit 35 Abbildungen. 88,– DM

255 **Fertigung von Mischlosen in der Mikroelektronik auf der Basis eines Verfahrens zur Verfolgung von Einzelscheiben**
Von Olaf Herzog ISBN 3-540-63563-7.
1997, 124 Seiten mit 59 Abbildungen. 88,– DM

256 **Einsatz neuer Mensch-Maschine-Schnittstellen für Robotersimulation und -programmierung**
Von Jens-Günter Neugebauer ISBN 3-540-63568-8.
1997, 110 Seiten mit 48 Abbildungen. 88,– DM

257 **Entwicklung eines Systems zur virtuellen ergonomischen Arbeitsgestaltung**
Von Wilhelm H. Bauer ISBN 3-540-63707-9.
1997, 160 Seiten mit 77 Abbildungen und 13 Tabellen. 88,– DM

258 **Controlling eines projektorientierten Prozeßmanagements am Beispiel des Anlagenbaus**
Von Thomas Jörg Staiger ISBN 3-540-64082-7.
1998, 214 Seiten mit 106 Abbildungen und 11 Tabellen. 88,– DM

259 **Flexible Formprüfung umgeformter Blechteile**
Von Berend Oberdorfer ISBN 3-540-64121-1.
1998, 148 Seiten mit 69 Abbildungen. 88,– DM

260 **Effiziente Produktplanung mit Quality Function Deployment**
Von Christoph Mai ISBN 3-540-64145-9.
1998, 124 Seiten mit 57 Abbildungen. 88,– DM

261 **Einsatz der digitalen Grautonbildverarbeitung als ein Meßprinzip in der Lackiertechnik**
Von Sabine Renate Plischki ISBN 3-540-64270-6.
1998, 136 Seiten mit 67 Abbildungen und 9 Tabellen. 88,– DM

262 **Dynamische Zielfindung für das Total Quality Management**
Von Andreas Robeck ISBN 3-540-64271-4.
1998, 132 Seiten mit 61 Abbildungen. 88,– DM

263 **Methoden zur Planung zeit- und kostenoptimaler Produktion und Lagerhaltung**
Anwendung der Theorie optimaler Prozesse
Von Joachim Warschat ISBN 3-540-64272-2.
1998, 252 Seiten mit 61 Abbildungen. 88,– DM

264 **3D-Echtzeit-Rendering unter Berücksichtigung der Anatomie und Physiologie des menschlichen Auges**
Von Oliver H. Riedel ISBN 3-540-64273-0.
1998, 192 Seiten mit 54 Abbildungen und 26 Tabellen. 88,– DM

265 **Optische in situ Meßtechniken bei der Entwicklung und Anwendung von plasmaunterstützten Oberflächentechniken für räumlich ausgedehnte und komplexe Geometrien**
Von Peter Stratil ISBN 3-540-64400-8.
1998, 148 Seiten mit 96 Abbildungen und 14 Tabellen. 88,– DM

266 **Mit Industrierobotern flexibel automatisierte Montage von Türabdichtungen für Kraftfahrzeuge**
Von Gerald Vögele ISBN 3-540-64512-8.
1998, 92 Seiten mit 50 Abbildungen. 88,– DM

267 **Verfahren zur Gestaltung von Dienstleistungsunternehmen in einem Konfigurationsansatz**
Von Alexander W. Roos ISBN 3-540-64566-7.
1998, 260 Seiten mit 93 Abbildungen. 88,– DM

268 **Die Kombination von Plasmanitrierung und plasmagestützter Schichtabscheidung aus der Gasphase (PACVD) in einem Verfahrensablauf**
Von Oliver Morlok ISBN 3-540-64567-5.
1998, 134 Seiten mit 55 Abbildungen und 10 Tabellen. 88,– DM

269 **Verfahren zur Generierung und Gestaltung von Montageablaufstrukturen komplexer Serienerzeugnisse**
Von Uwe A. Seidel ISBN 3-540-64687-6.
1998, 142 Seiten mit 49 Abbildungen. 88,– DM

270 **Flexibel automatisierte Montage von Holzdübeln mit Industrierobotern**
Von Thomas Hörz ISBN 3-540-64788-0.
1998, 122 Seiten mit 61 Abbildungen. 88,– DM

271 **Flexibel automatisierte Demontage von Fahrzeugdächern**
Von Reinhard Rupprecht ISBN 3-540-64969-7.
1998, 108 Seiten mit 46 Abbildungen und 2 Tabellen. 88,– DM

272 **Berechnung charakteristischer Spritzbild- und Qualitätsmerkmale beim Lackieren - Einsatz neuronaler Netze -**
Von Pavel Svejda ISBN 3-540-65038-5.
1998, 152 Seiten mit 62 Abbildungen und 29 Tabellen. 88,– DM

273 **Entwicklung eines Systems zur interaktiven Gestaltung und Auswertung von manuellen Montagetätigkeiten in der virtuellen Realität**
Von Rainer Heger ISBN 3-540-65039-3.
1998, 158 Seiten mit 64 Abbildungen und 6 Tabellen. 88,– DM

274 **Ein Verfahren zur integrierten, prozeßbegleitenden Vorkalkulation für die kostengerechte Konstruktion**
Von Joachim Th. Frech ISBN 3-540-65050-4.
1998, 154 Seiten mit 64 Abbildungen und 23 Tabellen. 88,– DM

275 **Grundlagenuntersuchungen und Weiterentwicklung der automatischen Farbwechseltechnik für Wasserlacke**
Von Hans-Jürgen Nolte ISBN 3-540-65146-2.
1998, 128 Seiten mit 70 Abbildungen und 10 Tabellen. 88,– DM

276 **Formleitlinien für die Flächenrückführung - Extraktion von Kanten und Radiusauslauflinien aus unstrukturierten 3D-Meßpunktmengen**
Von Ralph Peter Knorpp ISBN 3-540-65161-6.
1998, 134 Seiten mit 57 Abbildungen und 5 Tabellen. 88,– DM

277 **Erfassen und Verarbeiten komplexer Geometrie in Meßtechnik und Flächenrückführung**
Von Thomas Haller ISBN 3-540-65147-0.
1998, 175 Seiten mit 50 Abbildungen und 10 Tabellen. 88,– DM

278 **Reaktive Abscheidung von Metalloxiden auf Polycarbonat zur Erzeugung transparenter Verschleißschutzschichten**
Von Patrick Markschläger ISBN 3-540-65502-6.
1998, 164 Seiten mit 85 Abbildungen und 13 Tabellen. 88,– DM

279 **Adaptive Personaleinsatzsteuerung in homogenen Arbeitsgruppen bei sequentieller Auftragsstruktur**
Von Manfred Hüser ISBN 3-540-65505-0.
1998, 144 Seiten mit 53 Abbildungen. 88,– DM

280 **Meßeinrichtung zur direkten Unterscheidung von luftgetragenen biotischen und abiotischen Partikeln**
Von Rüdiger Kölblin ISBN 3-540-65526-3.
1999, 104 Seiten mit 57 Abbildungen. 88,– DM

281 **Untersuchungen von Reinheitssystemen zur Herstellung von Halbleiterprodukten**
Von Jochen Schließer ISBN 3-540-65560-3.
1999, 124 Seiten mit 64 Abbildungen. 88,– DM

282 **Prüfverfahren zur Untersuchung der Partikelkontamination von Reinstgasversorgungskomponenten**
Von Johann Dorner ISBN 3-540-65562-X.
1999, 114 Seiten mit 79 Abbildungen. 88,– DM

283 **Rechnergestützte Gestaltungsvorgaben und Dialogbausteine für grafische Benutzungsschnittstellen**
Von Rolf Ilg ISBN 3-540-65579-4.
1999, 144 Seiten mit 51 Abbildungen und 44 Tabellen. 88,– DM

284 **Eine Architektur verteilter Objekte zur Integration von Produktionsinformationssystemen**
Von Thomas Linsenmaier ISBN 3-540-65636-7.
1999, 158 Seiten mit 66 Abbildungen. 88,– DM

285 **System zur dezentralen Planung von Entwicklungsprojekten im Rapid Product Development**
Von Kai Wörner ISBN 3-540-65637-5.
1999, 170 Seiten mit 48 Abbildungen und 16 Tabellen. 88,– DM

286 **Adhäsives Greifen von kleinen Teilen mittels niedrigviskoser Flüssigkeiten**
Von Karl-Borries Bark ISBN 3-540-65638-3.
1999, 116 Seiten mit 58 Abbildungen. 88,– DM

287 **Ein generisches Optimierungsmodell für Zuordnungs- und Anpassungsaufgaben im Rahmen der Kapazitätsabstimmung**
Von Gerd Aupperle ISBN 3-540-65639-1.
1999, 180 Seiten mit 59 Abbildungen 88,– DM

288 **Einfluss der Produktgestalt auf den Energieaufwand beim Recycling mechanischer Bauteile und Baugruppen**
Von Andreas Friedel ISBN 3-540-65680-4.
1999, 136 Seiten mit 47 Abbildungen und 8 Tabellen 88,– DM

289 **Ein objektorientiertes Verfahren zur Optimierung von Geschäftsprozessen unter Verwendung eines genetischen Algorithmus**
Von Joachim Bauske ISBN 3-540-65682-0.
1999, 160 Seiten mit 100 Abbildungen 88,– DM

290 **Methode zur ergebnisorientierten Gestaltung von Entwicklungsprozessen**
Von Patrick Nohe ISBN 3-540-66083-6.
1999, 174 Seiten mit 53 Abbildungen und 16 Tabellen 88,– DM

291 **Intergrierte Signalübertragung und E/A-Steuerungssystem für Montagezellen**
Von Hyeck-Hee Lee ISBN 3-540-66089-5.
1999, 86 Seiten mit 33 Abbildungen 88,– DM

Die Bände sind im Erscheinungsjahr und in den folgenden drei Kalenderjahren zu beziehen durch den örtlichen Buchhandel oder durch Lange & Springer, Otto-Suhr-Allee 25–28, 10585 Berlin.